·高等学校计算机基础教育教材精选·

程序设计基础
——Fortran 95

闫彩云　王红鹰　主编

李玉龙　主审

王丽娟　段志东　张翠玲　未碧贵　方红兵　参编

清华大学出版社

北京

内 容 简 介

本书全面、系统地介绍了 Fortran 95 的语法规则以及利用它进行程序设计的方法。主要内容有 Fortran 95 概述及编译环境的介绍、Fortran 95 程序设计基础、顺序结构程序设计、选择结构程序设计、循环结构程序设计、数组、函数与子程序、文件、派生类型与结构体、指针、模块、常用数值算法。

本书针对初学者的特点,突出基础知识的讲解,全书概念清晰,语言简单易懂,实例丰富,运行结果直观可靠。可作为高校理工科类学生学习程序设计的教材,也可作为程序设计的初学者、从事工程计算的工作人员和科研人员的参考书。

图书在版编目(CIP)数据

程序设计基础——Fortran 95/闫彩云,王红鹰主编. —北京:清华大学出版社,2011.3
(高等学校计算机基础教育教材精选)
ISBN 978-7-302-24865-1

Ⅰ. ①程… Ⅱ. ①闫… ②王… Ⅲ. ①FORTRAN 语言—程序设计 Ⅳ. ①TP312

中国版本图书馆 CIP 数据核字(2011)第 031125 号

责任编辑:焦 虹 顾 冰
责任校对:梁 毅
责任印制:杨 艳

出版发行:清华大学出版社   地   址:北京清华大学学研大厦 A 座
　　　　　http://www.tup.com.cn   邮   编:100084
　　　　　社   总   机:010-62770175   邮   购:010-62786544
　　　　　投稿与读者服务:010-62795954,jsjjc@tup.tsinghua.edu.cn
　　　　　质   量   反   馈:010-62772015,zhiliang@tup.tsinghua.edu.cn

印 装 者:北京鑫海金澳胶印有限公司
经   销:全国新华书店
开   本:185×260   印   张:18.25   字   数:435 千字
版   次:2011 年 3 月第 1 版   印   次:2011 年 3 月第 1 次印刷
印   数:1~3000
定   价:29.00 元

产品编号:040838-01

前言

程序设计是高等学校计算机基础教育的基础与重点,目的是向学生介绍程序设计的基础知识,使学生掌握高级语言程序设计的基本思想和方法,培养学生掌握用计算机处理问题的思维方法。

FORTRAN 语言是世界上最早出现的计算机高级程序设计语言,从 1954 年第一个 FORTRAN 语言版本的问世到现在,FORTRAN 语言的标准化不断吸收现代化编程语言的新特性,FORTRAN 语言就以其特有的功能在数值、科学和工程计算领域发挥着重要作用,并且在工程计算领域占有重要地位,很多优秀的工程计算软件都是运用 FOR-TRAN 语言编写,如 ANSYS、Marc 等。

基于 Windows 平台下的 Fortran 90 的推出,使 FORTRAN 真正实现了可视化编程,彻底告别了传统 DOS 环境(字符界面),转到了现代 Windows 环境(视窗界面),共享微软公司 Windows 平台的丰富资源。本书以 Fortran 95 为平台,介绍程序设计的思想和方法。

本书以程序设计为主线,以编程应用为驱动,通过案例和问题引入内容,重点讲解程序设计的思想和方法,内容全面,概念清晰,语言简单易懂,实用性强。

书中所有程序实例都由授课教师在多年授课过程中精挑细选所得,并采用目前流行的可视化的 Microsoft develop studio 集成开发环境,使读者在程序的思维训练和程序组织方面得到极大简化。

为使读者更好地掌握 Fortran 95 程序设计基础,我们还编写了配套的《Fortran 95 程序设计上机指导、习题答案及测试题》,可作为学习参考书。另外,还有与本书配套的电子版的教学课件,供教师教学参考使用。

本书可作为高校理工科类学生学习程序设计的教材,也可作为程序设计的初学者、从事工程计算的工作人员和科研人员的参考书。

本书由闫彩云、王红鹰主编,李玉龙主审。本书第 2～5 章由闫彩云编写,第 1、10、12 章由王红鹰编写,第 7 章 1～4 节和附录 A 由王丽娟编写,第 7 章 5、6 节和第 11 章由段志东编写,第 8 章和附录 B 由张翠玲编写,第 6 章 1～3 节和第 9 章由方红兵编写,第 6 章 4～8 节由未碧贵编写。

本书在规划、编写过程中得到了兰州交通大学教务处、数理与软件工程学院、土木工程学院、环境与市政工程学院的领导和老师们的大力支持。作者在此表示衷心的感谢。

　　鉴于作者水平所限，书中难免有不当或错误之处，恳请读者不吝赐教。

作　者

2010 年 11 月

目录

第 1 章　Fortran 95 概述 ··· 1

1.1　程序设计与程序设计语言 ·· 1

1.2　FORTRAN 语言发展简史 ·· 2

1.3　Fortran 95 语言的特点 ·· 3

1.4　程序设计引例 ·· 4

1.5　Fortran 95 编译环境与上机步骤 ··· 7

　　1.5.1　Compaq Visual Fortran 6.5 的安装与启动 ······················ 7

　　1.5.2　上机步骤 ·· 7

习题 1 ·· 17

第 2 章　Fortran 95 程序设计基础 ·· 18

2.1　Fortran 95 的字符集、标识符和关键字 ··································· 18

　　2.1.1　字符集 ·· 18

　　2.1.2　标识符 ·· 19

　　2.1.3　关键字 ·· 19

2.2　Fortran 95 程序的书写格式 ·· 19

　　2.2.1　固定格式 ·· 20

　　2.2.2　自由格式 ·· 20

2.3　Fortran 95 的数据类型 ·· 21

　　2.3.1　数值型数据的表示及存储 ··· 21

　　2.3.2　非数值型数据的表示及存储 ······································· 22

2.4　常量和变量 ·· 23

　　2.4.1　常量 ·· 23

　　2.4.2　变量 ·· 28

2.5　Fortran 95 的算术运算符与算术表达式 ··································· 31

　　2.5.1　算术运算符 ·· 32

　　2.5.2　算术表达式 ·· 32

2.6　Fortran 95 标准函数 ·· 33

习题 2 ·· 36

第3章　顺序结构程序设计 ……………………………………………… 37

　3.1　赋值语句 ……………………………………………………………… 38

　3.2　输入和输出语句 ……………………………………………………… 40

　　　3.2.1　表控输出输入 …………………………………………………… 41

　　　3.2.2　格式化输出输入 ………………………………………………… 43

　3.3　end 语句、stop 语句和 pause 语句 ………………………………… 48

　　　3.3.1　end 语句 ………………………………………………………… 48

　　　3.3.2　stop 语句 ………………………………………………………… 49

　　　3.3.3　pause 语句 ……………………………………………………… 49

　3.4　程序举例 ……………………………………………………………… 49

　习题 3 ……………………………………………………………………… 52

第4章　选择结构程序设计 ……………………………………………… 54

　4.1　关系运算符和关系表达式 …………………………………………… 54

　　　4.1.1　关系运算符 ……………………………………………………… 54

　　　4.1.2　关系表达式 ……………………………………………………… 55

　4.2　逻辑运算符和逻辑表达式 …………………………………………… 56

　　　4.2.1　逻辑运算符 ……………………………………………………… 56

　　　4.2.2　逻辑表达式 ……………………………………………………… 57

　4.3　逻辑 if 语句 …………………………………………………………… 57

　4.4　块 if 结构 ……………………………………………………………… 59

　　　4.4.1　单分支选择块 if 结构 …………………………………………… 59

　　　4.4.2　双分支选择块 if 结构 …………………………………………… 61

　　　4.4.3　多分支选择块 if 结构 …………………………………………… 62

　4.5　块 if 结构的嵌套 ……………………………………………………… 64

　4.6　块 case 结构 …………………………………………………………… 65

　4.7　程序举例 ……………………………………………………………… 67

　习题 4 ……………………………………………………………………… 72

第5章　循环结构程序设计 ……………………………………………… 75

　5.1　do 循环结构 …………………………………………………………… 75

　　　5.1.1　do 循环结构的组成 ……………………………………………… 76

　　　5.1.2　do 循环结构的执行过程 ………………………………………… 76

　　　5.1.3　do 循环结构嵌套 ………………………………………………… 79

　　　5.1.4　隐含 do 循环结构 ……………………………………………… 80

　5.2　do while 循环结构 …………………………………………………… 84

　　　5.2.1　do while 循环结构的组成 ……………………………………… 84

5.2.2 do while 循环结构的执行过程 ·················· 84

5.3 循环的流程控制 ····································· 87

5.3.1 exit 语句 ·· 87

5.3.2 cycle 语句 ······································· 88

5.4 程序举例 ··· 88

习题 5 ··· 93

第 6 章 数组 ··· 96

6.1 数组的概念 ·· 97

6.2 数组的定义 ·· 98

6.2.1 用 dimension 语句定义数组 ··············· 98

6.2.2 用类型说明语句定义数组 ·················· 99

6.2.3 同时使用 dimension 语句和类型说明语句定义数组 ·············· 99

6.3 给数组赋初值 ······································· 99

6.3.1 使用数组赋值符赋初值 ·················· 99

6.3.2 用 data 语句给数组赋初值 ·············· 100

6.4 对数组的操作 ······································· 101

6.4.1 对数组元素的操作 ······················· 101

6.4.2 数组的整体操作 ························· 101

6.4.3 数组局部引用 ··························· 102

6.4.4 where 命令 ····························· 103

6.4.5 forall 命令 ····························· 104

6.5 数组的保存规则 ···································· 106

6.5.1 一维数组的保存规则 ·················· 106

6.5.2 二维数组的保存规则 ·················· 106

6.5.3 三维数组的保存规则 ·················· 107

6.6 数组的输入和输出 ································· 107

6.6.1 用 do 循环结构输入输出数组 ········· 107

6.6.2 用隐含 do 循环输入输出数组 ········· 109

6.6.3 用数组名作为输入输出项 ············· 111

6.7 动态数组 ··· 112

6.8 数组应用举例 ······································ 113

6.8.1 一维数组程序举例 ···················· 113

6.8.2 二维数组程序举例 ···················· 123

习题 6 ·· 126

第 7 章 函数与子程序 ···································· 128

7.1 语句函数 ··· 129

7.1.1 语句函数的定义 ························ 130

    7.1.2　语句函数的调用 ··· 133

    7.1.3　语句函数应用举例 ··· 133

  7.2　函数子程序 ··· 135

    7.2.1　函数子程序的定义 ··· 137

    7.2.2　函数子程序的调用 ··· 137

  7.3　子例行程序 ··· 139

    7.3.1　子例行程序的定义 ··· 140

    7.3.2　子例行程序的调用 ··· 140

  7.4　程序单元之间的数据传递：虚实结合 ····················· 143

    7.4.1　简单变量作为虚参时的虚实结合 ······················ 143

    7.4.2　数组作为虚参时的虚实结合 ······························· 145

    7.4.3　子程序名作为虚参时的虚实结合 ······················ 149

    7.4.4　星号(*)作为虚参 ··· 150

    7.4.5　子程序中变量的生存周期 ·································· 151

  7.5　特殊的子程序类型 ··· 152

    7.5.1　递归子程序 ··· 152

    7.5.2　内部子程序 ··· 155

  7.6　数据共用存储单元与数据块子程序 ························· 156

    7.6.1　等价语句 ·· 156

    7.6.2　公用语句 ·· 158

    7.6.3　数据块子程序 ··· 163

  习题 7 ··· 164

第 8 章　文件 ··· 167

  8.1　文件的基本概念 ··· 167

    8.1.1　记录 ··· 167

    8.1.2　文件的概念 ··· 168

    8.1.3　文件的特性 ··· 168

    8.1.4　文件的定位 ··· 170

  8.2　文件的操作语句 ··· 170

    8.2.1　文件的打开与关闭 ··· 170

    8.2.2　文件的输入语句和输出语句 ······························· 174

    8.2.3　查询文件的状态语句 ·· 175

    8.2.4　rewind 语句 ··· 177

    8.2.5　backspace 语句 ··· 177

    8.2.6　endfile 语句 ··· 177

  8.3　有格式文件的存取 ··· 177

    8.3.1　有格式顺序文件存取 ·· 177

　　　8.3.2　有格式直接文件存取 ……………………………………… 178

　8.4　无格式文件的存取 ……………………………………………… 181

　　　8.4.1　无格式顺序文件存取 ……………………………………… 181

　　　8.4.2　无格式直接文件存取 ……………………………………… 182

　8.5　二进制文件的存取 ……………………………………………… 183

　　　8.5.1　二进制顺序文件存取 ……………………………………… 183

　　　8.5.2　二进制直接文件存取 ……………………………………… 184

　习题 8 ………………………………………………………………… 185

第 9 章　派生类型与结构体 ………………………………………… 188

　9.1　派生类型定义 …………………………………………………… 188

　9.2　结构体的定义与引用 …………………………………………… 189

　　　9.2.1　结构体定义 …………………………………………………… 189

　　　9.2.2　结构体成员引用 ……………………………………………… 190

　9.3　结构体初始化 …………………………………………………… 191

　　　9.3.1　用赋值语句给结构体成员赋值 ……………………………… 191

　　　9.3.2　定义的同时给结构体成员赋值 ……………………………… 192

　9.4　结构体数组 ……………………………………………………… 193

　　　9.4.1　结构体数组定义 ……………………………………………… 193

　　　9.4.2　结构体数组初始化 …………………………………………… 193

　9.5　程序举例 ………………………………………………………… 194

　习题 9 ………………………………………………………………… 197

第 10 章　指针 ……………………………………………………… 199

　10.1　指针的概念 …………………………………………………… 199

　10.2　指针的定义 …………………………………………………… 200

　10.3　指针的使用 …………………………………………………… 201

　　　10.3.1　指向一般变量的应用 ……………………………………… 201

　　　10.3.2　指向动态存储空间 ………………………………………… 203

　10.4　指针与数组 …………………………………………………… 205

　　　10.4.1　指针指向其他数组 ………………………………………… 205

　　　10.4.2　指针指向动态配置的内存空间 …………………………… 208

　10.5　指针与链表 …………………………………………………… 209

　　　10.5.1　结点的定义 ………………………………………………… 210

　　　10.5.2　链表的基本操作 …………………………………………… 211

　　　10.5.3　综合实例 …………………………………………………… 216

　习题 10 ……………………………………………………………… 220

第 11 章　模块 ··· 223

11.1　模块的定义 ·· 224

11.2　use 语句 ·· 225

11.3　接口界面块 ·· 229

11.4　超载 ·· 231

　　11.4.1　函数和子例行程序的超载 ···································· 231

　　11.4.2　赋值号超载 ··· 235

　　11.4.3　操作符超载 ··· 237

11.5　模块的应用举例 ·· 238

习题 11 ··· 244

第 12 章　常用数值算法 ··· 245

12.1　求解一元方程 ··· 245

　　12.1.1　二分法 ·· 245

　　12.1.2　弦截法 ·· 247

　　12.1.3　迭代法 ·· 249

　　12.1.4　牛顿迭代法 ··· 250

12.2　数值积分 ·· 252

　　12.2.1　矩形法 ·· 252

　　12.2.2　梯形法 ·· 254

　　12.2.3　辛普生法 ·· 257

12.3　线性代数 ·· 260

　　12.3.1　矩阵的加、减、乘法运算 ····································· 260

　　12.3.2　三角矩阵 ·· 261

　　12.3.3　Gauss-Jordan 法求联立方程组 ······························ 264

习题 12 ··· 267

附录 A　ASCII 码字符编码 ·· 268

附录 B　FORTRAN 库函数 ·· 270

参考文献 ··· 277

第 1 章　Fortran 95 概述

教学目标：

- 了解程序设计与程序设计语言的相关概念。
- 了解 FORTRAN 语言发展简史。
- 了解 Fortran 95 语言的特点。
- 熟悉 Fortran 95 的编译环境。
- 掌握 Fortran 95 编程的上机步骤。

随着计算机科学与技术的发展，人类已步入信息化时代。现在，越来越多的人在利用计算机来处理自己的各类事物，离开计算机可以说是寸步难行。计算机能够完成预定的任务是计算机硬件和软件协同工作的结果，当用户使用计算机完成某项工作时，通常有两种情况：一种情况是借助现成的应用软件来完成，如进行文字处理可使用 Word、WPS Office 等文字处理软件，科学计算可使用 MATLAB、Ansys 等；另一种情况则是没有完全适合现成的应用软件，需要使用某种计算机语言来编制程序完成特定的任务，这就是程序设计。

学习 FORTRAN 程序设计的目的，就是要学会利用 FORTRAN 语言编写出适合实际需要的程序，让计算机完成指定的任务。

本章主要介绍程序设计以及 FORTRAN 语言程序设计的有关知识，使读者对程序设计有一个初步的了解。

1.1　程序设计与程序设计语言

程序就是计算机为完成某一个任务所必须执行的一系列指令的集合。

程序是软件的主要表现形式，程序设计是软件实现的主要手段，程序设计语言是程序设计的基本工具。伴随着计算机技术的发展，程序设计语言也经历了一个从低级编程语言到高级编程语言的发展过程。在计算机出现的最初阶段，程序设计是通过机器语言以及后来的汇编语言实现的。汇编语言与机器语言同属于低级语言，其语言结构基本上是面向特定机器指令系统的指令序列，对计算过程的描述是在目标机操作的层次上进行的。因此汇编语言和机器语言严格依赖于特定的指令系统，可移植性差。同时，由于语言的描述层次很低，程序的可读性和可维护性差，代码较长，不适合大型软件的开发。

随着计算机硬件功能和性能的增强，软件的规模和复杂度也日益增加。低级的机器语言和汇编语言显然已不能满足更复杂的软件设计要求。大型程序设计需要更符合人们描述习惯,更具可读性和可理解性的程序设计语言。同时,随着多种硬件结构的出现,人们也希望程序具有较强的可移植性,可以运行在不同的机器上而不要过分依赖特定的机器指令系统和硬件结构。在这种情况下,高级程序设计语言就应运而生了。

高级程序设计语言的出现标志着形式语言理论和编译理论的突破性进展。高级程序设计语言在与目标机无关的层次对所需计算的问题进行描述,因此它可以屏蔽计算过程的执行细节、突出计算过程的目标和基本过程,便于问题的分析和描述。高级程序设计语言在较高的层次上对计算机的执行过程进行抽象描述,一条高级程序设计语言需要通过编译系统转换成机器指令,其本身与具体的目标机无关,只要编译系统能够生成目标机的指令序列,用高级程序设计语言写成的程序就可以运行在任何计算机上。高级程序设计语言的这些特点,使计算机应用进入了一个新的阶段。大量使用低级语言难以实现的规模大、复杂度高、使用周期长、投入资源多的程序设计任务不断出现并得以完成。这些也反过来促进了高级程序设计语言的发展。

用高级语言编写的程序,称为“源程序”。目前,常用的高级语言有很多种,如FORTRAN 语言、Pascal 语言、C 语言、Visual Basic、Visual C++ 等,每种高级语言都有解释或编译系统。在本书中我们要学习的 FORTRAN 就是一种需要编译执行的程序设计语言。在输入程序代码后,编译系统将源程序代码编译生成可执行文件,后运行。

1.2　FORTRAN 语言发展简史

FORTRAN 语言是世界上被最早正式推广使用的高级程序设计语言,它主要适用于科学和工程问题的数值计算。FORTRAN 是 Formula Translation 的缩写,译为中文是“公式翻译”,意思是指 FORTRAN 是一种易于用与数学公式极其相近的形式来书写数学公式的计算机语言。

1956 年第一个 FORTRAN 语言版本在美国诞生,并在 IBM 704 计算机上运行。随后又相继推出了 FORTRAN Ⅱ(1958 年)和 FORTRAN Ⅳ(1962 年)。1966 年美国标准化协会(American National Standard Institute,ANSI)在 FORTRAN Ⅳ 的基础上,制定了两级标准版本:FORTRAN(X3.9-1966)和 FORTRAN(X3.10-1966)。这两个版本分别相当于原来的 FORTRAN Ⅳ 和 FORTRAN Ⅱ,并将 FORTRAN(X3.9-1966)标准名简称为 FORTRAN 66。

1972 年国际标准化组织(International Standard Organization,ISO)接受了美国标准,在稍加修改后公布了 ISO FORTRAN 语言的三级国际标准,即完全级、中间级和基本级。其中完全级相当于 FORTRAN Ⅳ,基本级相当于 FORTRAN Ⅱ,中间级介于FORTRAN Ⅱ 和 FORTRAN Ⅳ 之间。

FORTRAN Ⅳ(即 FORTRAN 66)流行了十几年,几乎统治了所有数值计算领域。但在结构化程序设计方法提出以后,FORTRAN 66 日益不能满足要求,因为 FORTRAN 66 并不是一种结构化的程序设计语言。针对这种情况,1976 年美国标准化协会(ANSI)对 FORTRAN(x3.9-1966)进行了重新修订,其中吸纳了各计算机厂商的建议,新增了不少功能,并于 1978 年 4 月正式公布了新的 FORTRAN 标准,即 FORTRAN(X3.9-1978)。新标准包括一个全集和一个子集,并定名为 FORTRAN 77。1980 年,FORTRAN 77 被 ISO 接受为国际标准。

FORTRAN 77 获得了国际上用户的广泛认可和青睐,大多数计算机系统都配备了 FORTRAN 77 编译程序。在过去的年代里,FORTRAN 77 几乎统治了所有的数值计算领域。

随着计算机技术的飞速发展,继 FORTRAN 语言之后又出现了一些其他高级语言。尤其是随着面向对象的程序设计方法得到迅速的发展和广泛使用的同时,新推出了一些"面向对象"的程序设计语言。如 Visual Basic 语言、Visual C++ 语言、Java 语言等。这类新一代的高级语言对 FORTRAN 语言提出了严峻的挑战。

为了提高 FORTRAN 语言的使用率和竞争力,1991 年 8 月新一代 FORTRAN 语言 Fortran 90 问世。它是一个基于可视化操作平台的 FORTRAN 标准。

Fortran 90 向下兼容 FORTRAN 77,并且有了明显的改进和增强,如新增了递归调用、结构体、指针、动态数组、重载函数以及可以实现与其他高级语言混合编程等功能。之后又推出了 Fortran 95。

Fortran 95 是具有强烈现代特色的语言,总结了现代软件的要求与算法应用的发展,增加了许多现代特征的新概念、新功能、新结构、新形式,FORTRAN 语言由此也具有更强的生命力。

1.3　Fortran 95 语言的特点

Fortran 95 最显著的扩充主要有以下 7 个方面:

(1) 引入了数组运算,使数组的并行化运算成为可能。

(2) 提高了数值计算的功能。

(3) 内在数据类型的参数化。

(4) 引入用户定义的数据类型,提高了处理能力。

(5) 引入用户定义的运算和赋值。

(6) 引入模块数据及过程定义的功能。

(7) 引入指针概念。

另外,还包括了其他一些扩充。例如,改进了源程序的书写形式、引入了更多的控制结构和递归过程、新的输入输出功能及动态可分配数组等。

Fortran 95 的先进性,体现在以下 6 个方面:

(1) 增加了许多具有现代特点的项目和语句,用新的控制结构实现选择、分支与循环操作,真正实现了程序的结构化设计。

(2) 增加了结构块、模块及过程调用的灵活性,使源程序易读易维护。

(3) 吸收了 C、Pascal 语言的长处,淘汰或拟淘汰原有过时的语句,加入现代语言的特色。

(4) 在数值计算的基础上,进一步发挥了计算的优势。新增了许多先进的调用手段,扩展了操作功能。

（5）增加了多字节字符集的数据类型及相应的内部函数。允许在字符数据中选取不同种别，在源程序字符串中可以使用各国文字和各种专用符号，对非英语国家使用计算机提供了更大更有效的支持。

（6）FORTRAN 早期版本的程序仍能在 Fortran 95 编译系统下运行，即具有向下兼容性。

1.4　程序设计引例

为使读者对 FORTRAN 语言程序和程序设计的基本方法有一个初步的了解，下面通过引例做简单的介绍。

【例 1-1】　输入三个数据，计算它们的算术平均值和几何平均值。

分析：假设用 a、b、c 分别表示三个数，在数学上，要计算这三个数的算术平均值和几何平均值，采用以下公式：

$$算术平均值 = \frac{a+b+c}{3}$$

$$几何平均值 = \sqrt[3]{a \times b \times c}$$

如何编写程序在计算机上实现上述公式的计算呢？

可按照以下步骤进行：

第 1 步：定义 a、b、c 以及存放计算结果的变量 ave1 和 ave2。

第 2 步：给 a、b、c 输入数据。

第 3 步：分别利用公式计算算术平均值和几何平均值。

第 4 步：输出计算结果。

按照上述方法和步骤，可编写 FORTRAN 语言程序如下：

```
real a,b,c,ave1,ave2              !变量定义说明
read *,a,b,c                      !输入变量 a 和 b 的值
ave1= (a+b+c)/3                   !计算算术平均值
ave2= (a*b*c)**(1.0/3)           !计算几何平均值
print *,"算术平均值为：",ave1     !输出 ave1 的值
print *,"几何平均值为：",ave2     !输出 ave2 的值
end
```

程序运行结果如图 1.1 所示。

图 1.1　例 1-1 运行结果

程序结构和含义分析:

第 1 行是变量定义(说明)语句,定义了 a、b、c、ave1、ave2 变量为实型变量,目的是在计算机的内存单元中开辟 5 个与变量相对应的存储空间,以便存放要计算的数据和计算结果。

第 2 行是输入语句,执行此语句时,计算机等待用户从键盘输入三个数据分别存放到 a、b、c 变量中。

第 3、4 行是赋值语句,也是计算部分,计算表达式(a+b+c)/3.0,求出算术平均值,赋值给变量 ave1,即保存到变量中;计算表达式(a*b*c)**(1.0/3),求出几何平均值,赋值给变量 ave2。程序中的表达式是数学表达式的 FORTRAN 表示方式。

第 5、6 行是输出语句,分别输出保存在变量 ave1 和 ave2 中的算术平均值和几何平均值。

第 7 行是 end 语句,表示程序结束,每一个程序单元结束都要由 end 语句作标志。

另外,程序中"!"后是对程序的注释,注释是非常重要的一部分,没有注释不能算合格的程序,通过注释能够使程序更清晰,容易阅读。

通过例 1-1 可以看到,利用程序设计的方法解决问题的基本步骤为:

(1) 分析问题,建立数学模型(公式)。

(2) 设计算法,确定功能。

(3) 选择语言,编写程序。

(4) 调试程序,输出结果。

其中设计算法是程序设计的主要步骤。

所谓算法,是指为解决给定问题而需要计算机去一步一步执行的有穷操作过程的描述。例 1-1 中给出的实现方法和步骤就是算法。

一个算法必须具有以下特征:

(1) 有穷性。算法的执行步骤总是有限次的,即一个算法必须在执行有穷步后结束,并且,任何算法必须在有限的时间(合理的时间)内完成。显然,一个算法如果永远不能结束或需要运行相当长的时间才能结束,这样的算法是没有使用价值的,如让计算机执行一个历时 100 年才结束的算法,这虽然是有穷的,但超过了合理的限度,也不能把它视作有效算法。

(2) 确定性。算法中的每一步骤必须表达明确的含义,不能有歧义性。例如,两位同学约会,甲对乙说"我在 110 等你",这个步骤就是不确定的,表现在两个方面,第一是地点上的不确定,到底是在五教 110,还是在八教 110,或者在 110 报警亭;第二就是时间上的不确定,到底是哪一天,几点。这都给对方非常模糊的概念。

(3) 可执行性。算法中的每一个步骤都能被有效地执行,并得到确定的结果。例如:当 B 是一个很小实数时,A/B 在代数中是正确的,但在算法中是不正确的,它在计算机上无法执行,要使 A/B 能正确执行,必须在算法中控制 B 满足条件:$|B|>\delta,\delta$ 是一个计算机允许的合理小实数。

(4) 输入的数据大于等于 0。一般的程序都会要求若干个输入信息,即要加工处理的"原料"。但是,有些特殊提名的"原料"也可以在程序中自动产生,此时可以没有输入。

（5）至少有一个数据输出。算法的目的是为了解决一个给定的问题,解决的最终目的就是给出最后的结果,即"解",所谓"解"就是输出。算法在执行过程中必须有输出的操作,即算法中必须有输出数据的步骤。但是算法的输出不一定就是计算机的打印输出,一个算法得到的结果就是算法的输出。没有输出步骤的算法是毫无意义的。

算法的表示方法很多,常用的有自然语言和流程图。

自然语言就是人们日常使用的语言,可以是汉语、英语或其他语言,从根本上讲,程序就是用计算机语言描述的算法。

算法的另一种表示方法是采用图框的方法描述算法。即流程图法。它用不同的几何图形来代表不同性质的操作,例如,用矩形框表示要进行的操作,用菱形框表示判断,用流程线将各步操作连接起来并指向算法的执行方向。其优点是描述简洁、清晰和直观,缺点是由于转移箭头的无约束使用,影响算法的可靠性。图1.2和图1.3是用流程图描述程序的三种基本结构。

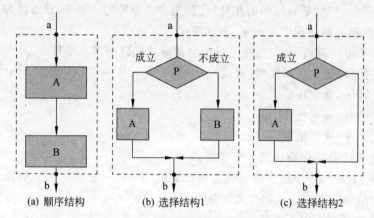

图 1.2　顺序结构和选择结构

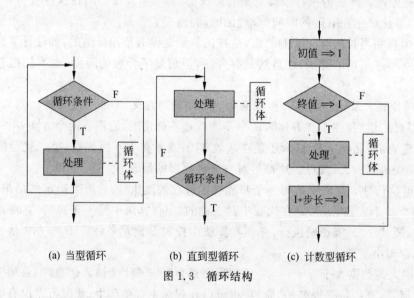

图 1.3　循环结构

算法是程序设计的核心和基础。算法构造的思维方法与一般数学系统的思维方法有所不同,理解、熟悉和习惯算法构造的思维方法,是学习计算机程序设计的基本内容。从某种意义上说,培养算法设计能力实际上就是培养合理进行计算的能力,而要发现这种合理性,寻得"简洁算法",首先就必须有很好的观察能力和对基础知识的良好掌握。

另一方面,程序的处理对象是数据,每个数据都有一定的特性和关联,因此为了更好地处理和操作,要研究数据,对数据进行有规律的组织和构造。在算法设计中,数据的组织和构造都有其基本方式和规律,这种组织和构造方式称为数据结构。对于不同的数据结构,程序中要采用不同的处理方法。所以,就像前面已经提到的,程序主要描述两部分内容,算法和数据结构。著名的计算机科学家 Wirth 提出了一个著名的公式来表达程序的实质:

$$程序=数据结构+算法$$

算法设计好后,选择一种程序设计语言来描述算法,即编写程序,得到程序代码,例如例 1-1 的源程序。要正确合理地编写程序,必须掌握程序语言的语句、函数、结构、语法等。在本书中,我们要在后续章节中陆续介绍 FORTRAN 语言的数据结构、语句、函数、结构、语法等以及一些相关的常用算法。

1.5 Fortran 95 编译环境与上机步骤

要编写并运行程序,需要相应的开发工具。最早微软公司推出 Microsoft Fortran PowerStation 4.0 开发环境用于 Visual Fortran 的开发。在 1997 年 3 月微软和数据设备公司(Digital Equipment Corp,DEC)合作研究,开发和推出了 Digital Visual Fortran 5.0,1998 年 1 月,DEC 与 Compaq 公司合并,DEC 成为 Compaq 公司的全资子公司,其后又推出 Compaq Visual Fortran 等。

下面以例 1-1 为例,以 Compaq Visual Fortran 6.5 为集成开发环境,来介绍上机的基本知识与步骤,包括进入和退出环境,了解常用界面,建立工作空间、项目(工程)、文件、存储与运行程序等。

1.5.1 Compaq Visual Fortran 6.5 的安装与启动

Compaq Visual Fortran 6.5 的安装方法与其他应用程序安装类似。

最常见的启动方法是:选择"开始"|"所有程序"|Compaq Visual Fortran 6.5|Developer Studio,如图 1.4 所示,就可启动 Compaq Visual Fortran 6.5,启动后将看到如图 1.5 所示的工作窗口。

1.5.2 上机步骤

FORTRAN 程序上机运行一般要经过编写(辑)程序、编译、连接和运行 4 个步骤。

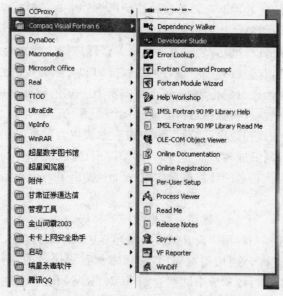

图 1.4　Compaq Visual Fortran 6.5 启动过程

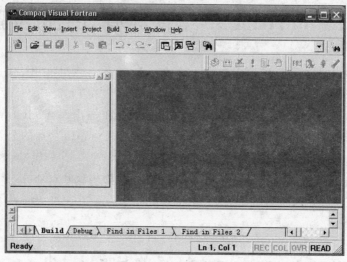

图 1.5　Compaq Visual Fortran 6.5 工作窗口

具体操作如下：

1. 创建工作空间

在第一次创建 FORTRAN 程序时首先应在磁盘上建立一个工作空间，即创建一个文件夹，文件夹装有两个管理文件，通过工作空间来合理地组织管理项目和文件。这里建立一个名为 forpro 的工作空间。

创建步骤如下：

① 选择 File|New 命令，如图 1.6 所示，弹出 New 对话框，选择 Workspaces 选项卡。

② 在名称和位置文本框中分别输入工作空间名和路径。路径可以通过单击右侧的按钮打开浏览窗口查找和定位。

③ 单击 OK 按钮创建完成新的工作空间，回到 Developer Studio 主窗口，如图 1.7 所示。

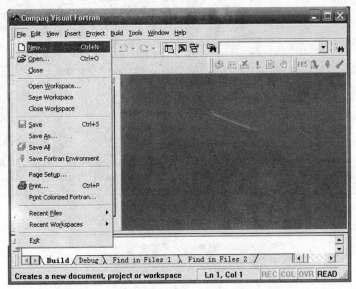

图 1.6　创建工作窗口

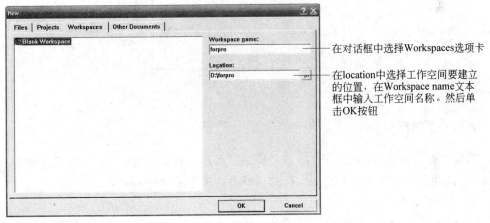

图 1.7　创建工作窗口

完成建立新的工作空间后，会在 Developer Studio 主窗口的工作空间管理窗口内建立新的选项卡 File View，同时显示"Workspace 'forpro'：0 Project(s)"，指出工作空间名称和项目数，如图 1.8 所示。在 D 盘上创建了新的文件夹 D：\forpro，并且生成两个工作空间管理文件 forpro. opt 和 forpro. dsw。以后要打开工作空间 forpro 也可以直接双击 forpro. dsw 文件，如图 1.9 所示。

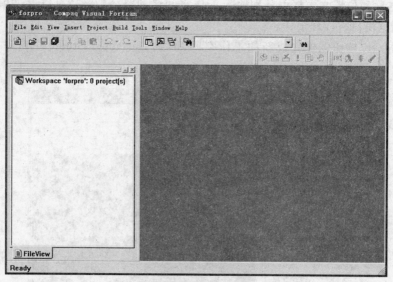

图 1.8　创建工作空间

图 1.9　项目空间文件夹

2. 创建项目空间

开发工具通过项目(工程,Project)来管理源程序文件,并一起作为编译程序单位,因此建立工作空间后,要在其中建立自己的项目。这里建立项目 exam1。

创建步骤如下:

① 再次打开 New 对话框,选取 Projects 选项卡,选择应用程序类型为 Fortran Console Application,如图 1.10 所示。

② 选中 Add to current workspace 单选按钮,在名称文本框中输入项目名称,如图 1.11 所示。

③ 单击 OK 按钮创建完成新的项目,回到 Developer Studio 主窗口。

Visual Fortran 6.5 以前的版本不会出现如图 1.12 所示的界面,旧版本直接跳过。建议选用第一个选项 An empty project,然后直接单击 Finish 按钮。

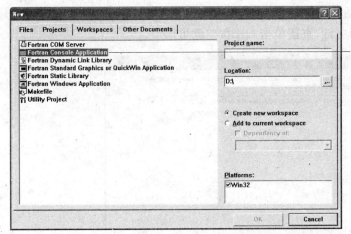

在对话框中选择Project选项卡，Project的类型要选用 Fortran Console Application

图 1.10　创建项目空间

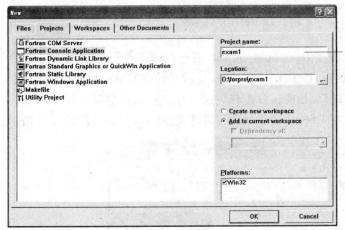

选中Add to current workspace单选按钮，在Project name的文本框中给定项目的名字，Location会显示出整个Project的工作目录位置。然后单击OK按钮

图 1.11　创建项目空间

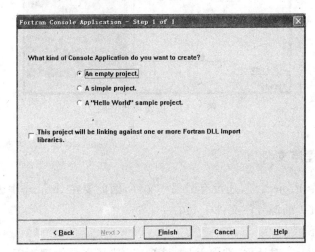

图 1.12　创建项目空间

如图 1.13 所示的对话框也只在新版本的 Visual Fortran 6.5 中才会出现,它显示 project 打开后自动生成的文件,直接单击 OK 按钮就可以了。

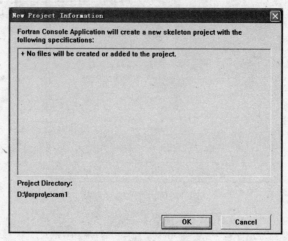

图 1.13　创建项目空间

完成建立新的项目后,会在 Developer Studio 主窗口的工作空间管理窗口内的 File View 选项卡中添加新建立的项目 exam1 files,同时显示工作空间中项目的个数,如图 1.14 所示,建立完成的 Project 主窗口,目前还没有任何源程序。在工作空间文件夹 forpro 中会自动生成项目文件夹 exam1,在 exam1 中生成项目管理文件 exam1.dsp,如图 1.15 所示。

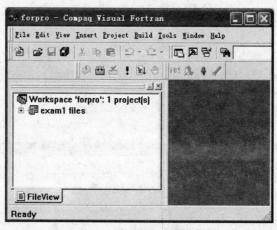

图 1.14　创建项目空间

3. 创建源程序文件

设置完成一个 Project 后,还没有源程序文件,因此要在 Project 中创建编辑源程序文件。这里建立例 1-1 的源程序文件 1.f90。

创建步骤如下:

① 再次打开 New 对话框,选取 Files 选项卡,选择文件类型为 Fortran Free Format

(a) 项目管理文件夹位置　　　　(b) 项目管理文件位置

图 1.15　项目管理文件夹与文件的位置

Source File,建立自由格式的 FORTRAN 源程序,如图 1.16 所示。

② 选中 Add to project 复选框,在文件文本框中输入源程序文件名。

③ 单击 OK 按钮创建完成新的源程序文件,回到 Developer Studio 主窗口。

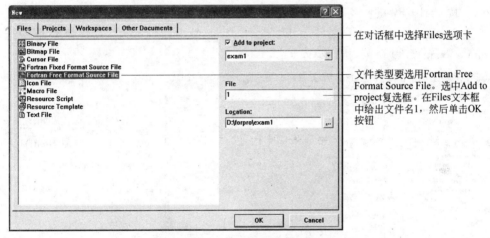

图 1.16　创建源程序文件

完成建立源程序文件后,会在 File View 选项卡中项目 exam1 下添加新建立的源程序文件 1.f90,在右侧打开一个空白文档窗口,用户在文档窗口中输入编辑源程序,如

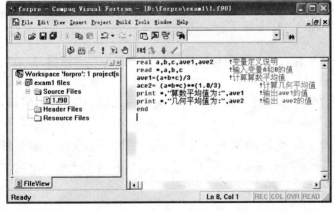

图 1.17　创建源程序文件

图 1.17 所示。同时在文件夹 D：\forpro\exam1 下生成文件 1.f90，如图 1.18 所示。

4. 编译源程序文件

源程序编辑完成后，需要对源程序进行编译，在编译过程中检查、发现以及排除错误，最后生成中间文件（扩展名为 obj，又称目标文件），以便于连接和运行。

编译前可根据需要设定有关参数，这里不再讲解，一般采用默认设置。

图 1.18　源程序文件夹窗口

对项目内源程序文件进行编译可以采用 4 种操作方式：

① 选择 Build|Compile 1.f90 命令，执行编译，如图 1.19 所示。

② 单击 Build 工具栏中的编译按钮，执行编译。

③ 按 Ctrl+F7 键。

④ 在工作空间窗口中选择 1.f90 文件，右击弹出快捷菜单，在快捷菜单中选取 Compile exam1.f90 命令，执行编译。

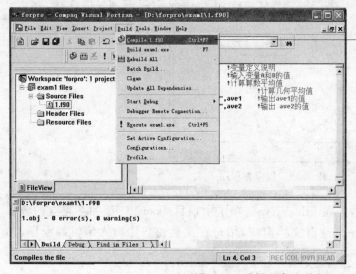

选择 Build 菜单中的 Compile 1.f90 命令（或单击工具栏中的编译命令按钮）编译程序，从下半部 output 窗口中可以看到 0 error(s),0 warning(s) 的结果，表示编译过程没有错误，生成 1.obj 文件

图 1.19　编译程序选项窗口

编译结束后，在下半部的输出窗口会显示编译结果信息。如果编译无错误，显示信息"exam1.obj-0 error(s),0 warning(s)"，生成目标文件，可进行下一步骤操作；否则显示错误提示信息。如果有错误，用户需要通过提示信息的帮助去修改错误，然后重新编译，直到编译通过（无错误）生成目标文件为止。

编译无错误结束后，在项目文件夹 exam1 下会创建 debug 文件夹，在 debug 文件夹生成目标文件 1.obj 和有关编译信息的数据库文件 df60.pdf。在项目文件夹 exam1 下生成有关源程序编译的管理文件 exam1.plg 文件，如图 1.20 所示。

(a) 目标文件所在的文件夹　　　　　(b) 目标文件位置

图 1.20　目标文件的文件夹与文件设置

5. 构建可执行程序

编译产生的 1.obj 文件还不能直接运行,必须构建生成可执行文件(扩展名为 exe)才能在计算机上运行。程序构建(也称连编)是将 1.obj 文件与系统提供的有关环境参数、预定义子程序和与定义函数等连接在一起,生成完整的可执行程序代码。在构建过程中也能检查、发现以及排除错误。

对 1.obj 文件进行构建可以采用 4 种操作方式。

① 选择 Build|Build exam1.exe 命令,执行构建,如图 1.21 所示。

② 单击 Build 工具栏中的构建按钮 ,执行构建。

③ 按 F7 键。

④ 在工作空间窗口中选择 exam1 项目,右击弹出快捷菜单,在快捷菜单中选取 Build (selection only)命令,执行构建。

选择Build菜单中的Build exam1.exe 命令(或单击工具栏中的构建命令按钮)构建可执行程序,从下半部output窗口中可以看到0 error(s),0 warning(s)的结果,表示没有错误,生成exam1.exe文件

图 1.21　构建可执行程序选项窗口

构建结束后,在输出窗口会显示构建结果信息。如果构建无错误,显示信息"exam1.exe-0 error(s),0 warning(s)",生成可执行文件;否则显示错误提示信息。如果有错误,

同样，用户需要通过提示信息的帮助去修改错误，然后重新编译、构建，直到构建通过（无错误）生成可执行文件为止。正确构建完成后，在 debug 文件夹下生成可执行文件 exam1.exe，如图 1.22 所示。

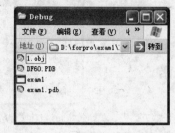

图 1.22　可执行文件位置窗口

6. 运行程序

生成可执行文件后，就可以运行该程序，得到运行结果。

运行可执行程序的方式有很多种，一般采用以下三种方法，如图 1.23 所示。

① 选择 Build|Execute exam1.exe 命令，运行程序。

② 单击 Build 工具栏中的运行按钮 **!**，运行程序。

③ 按 Ctrl+F5 键。

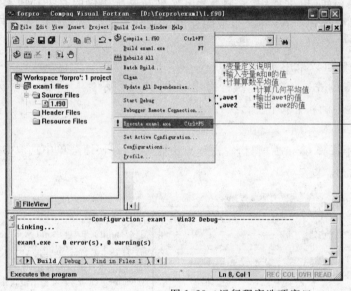

选择 Build 菜单中的 Execute exam1.exe 命令（或单击工具栏中的运行命令按钮 **!**）运行程序

图 1.23　运行程序选项窗口

执行后会看到程序运行结果，如图 1.24 所示。

输入数据 1.0，2.0，3.0 后按 Enter 键显示运算结果

图 1.24　输入数据显示运算结果

以上介绍了开发一个 FORTRAN 程序的基本过程与步骤。

需要注意，如果想再编译、调试、运行其他 FORTRAN 程序，可以不用再创建工作空间,只需要重复 2~6 的操作步骤,在已有工作空间中建立新的项目及程序文件即可。一个工作空间可以包含多个项目。

另外应注意在工作空间中所包含的多个项目里,只有一个是处于活动状态的项目,只有处于活动状态的项目才能创建或添加源程序,以及进行编译、构建、运行和调试操作。要想知道当前哪一个项目处于活动状态,可以通过 Project 菜单中的 Set Active Project 命令来查看,及激活某一个项目。激活项目也可以通过选中在工作空间窗口中待激活项目,右击弹出快捷菜单,在快捷菜单中选取 Set Active Project 命令来实现,如图 1.25 所示。

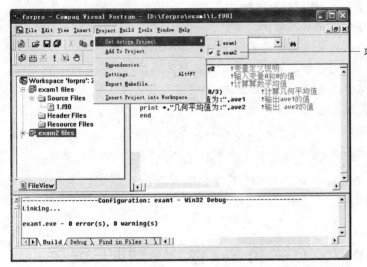

项目名称前有 ☑ 的是当前活动项目

图 1.25　多项目空间工作窗口

本节介绍了 Visual Fortran 最基本的功能,如果没有特别说明,本书中所有的程序都通过上面的方法来编译。对于 Compaq Visual Fortran 6.5 的编译调试环境,还需要读者通过许多上机调试运行程序来熟悉与掌握。

习　题　1

1. 什么是程序? 什么是计算机语言? 计算机语言分为哪几类? 试述各类计算机语言的特点。

2. 什么是源文件、目标文件和可执行文件?

3. 什么叫程序单元? 每个程序单元是否必须要有 end 语句?

4. 简述 FORTRAN 语言程序的基本结构和书写格式。

5. 简述 FORTRAN 语言程序的上机步骤。

第 2 章　Fortran 95 程序设计基础

教学目标：

- 了解 Fortran 95 的字符集、标识符和关键字。
- 了解 Fortran 95 程序的固定书写格式。
- 掌握 Fortran 95 程序的自由书写格式。
- 掌握 Fortran 95 的五种内部数据类型的表示及存储方式。
- 掌握五种内部数据类型常量的合法表示方式。
- 掌握变量的表示形式和变量的三种定义方法。
- 掌握 Fortran 95 的算术运算符与算术表达式的运算顺序。
- 了解 Fortran 95 标准函数，并掌握部分常用的标准函数。

Fortran 95 内容丰富，功能强大，是具有鲜明特色的程序设计语言。本章将介绍 Fortran 95 的基本知识和规则。

2.1　Fortran 95 的字符集、标识符和关键字

2.1.1　字符集

Fortran 95 的字符集就是编写 Fortran 95 源程序时能够使用的全部字符及符号的集合。其中包括：

（1）英文字母 a～z 及 A～Z。

（2）阿拉伯数字 0～9。

（3）22 个特殊字符：＝、＋、－、＊、／、(、) 、，、. 、： 、； 、' 、" 、! 、；、% 、& 、< 、> 、? 、$ 、_ 、空格 (Tab)。

Fortran 95 的源程序就是上述字符及符号按照词法、语法和语义的规定对算法的描述。在编写源程序时需要注意的是：

（1）除字符型常量外，源程序中不区分字母的大小写，如语句 ReaL a 和 real A 是等价的。

（2）Fortran 95 字符集以外的可打印字符，只能出现在注释、字符常量、字符串编辑符和输入输出记录中。

2.1.2 标识符

标识符即名称,用来在程序中标识有关实体(如变量、符号常量、函数、程序单元、公用块、数组、模块和形参等)。Fortran 95 规定标识符只能由字母、数字、下划线"_"和美元符号"$"组成,且起始字符必须是英语字母。

【例 2-1】 判断下列标识符中哪些是合法标识符?哪些是非法标识符?并解释非法标识符的错误原因。

Number,Max,X-YZ,小红,8_student,b.4,china,_abc,$_write,r e a d,a$b,a? b_c

合法标识符有 number、Max、china、a$b。

非法标识符有 X-YZ、小红、8_student、b.4、_abc、$_write、r e a d、a? b_c。

表 2.1 给出了非法标识符的错误原因。

表 2.1 非法标识符的错误原因

非法标识符	错误原因	非法标识符	错误原因
X-YZ	标识符中含减号-	_abc	首字符是下划线_
小红	含汉语字符	$_write	首字符是$_
8_student	数字是标识符的首字符	r e a d	包含空格
b.4	标识符中含小数点.	a? b_c	包含特殊符号?

2.1.3 关键字

关键字是 Fortran 95 中的一种特定字符串。如语句"read * ,a,b"中的 read 是关键字,类似的关键字还有 print、write、integer、do、if、then、end、subroutine、function 等。在编译环境中正确的关键字会以蓝色字符显示。关键字都有特定的含义,在程序中有具体的位置要求,不能随意改变,否则将产生一个语法错误。

Fortran 95 对于关键字不予保留,即允许其关键字作为其他实体的名称。也就是说,用户可以将自己的变量名、数组名等命名为 integer、program、print、do 等关键字,编译程序会根据上下文来识别一个字符串究竟是关键字还是实体名称。不过,我们不主张这样做,因为使用关键字作为实体名称会到导致程序难以理解和阅读。

2.2 Fortran 95 程序的书写格式

每种程序设计语言对程序书写格式都有具体的规定,书写格式反映了程序语言独特的书写风格。FORTRAN 语言程序的书写格式有两种:Fixed Format(固定格式)和 Free

Format(自由格式)。Fixed Format 是传统的书写方式,对于书写内容应在哪一行的哪一列上都有严格规定,过于刻板。Free Format 是 Fortran 90 后引入的新写法,取消了许多旧的限制,在合乎语法的前提下,程序设计人员有了更大的自主空间,可以视具体情况灵活选择使用。值得注意的是:以 Fixed Format 来编写的 FORTRAN 程序的文件扩展名为 for,以 Free Format 来编写的程序的文件扩展名为 f90。

2.2.1 固定格式

在固定格式中规定:一个程序单元由若干行语句构成,每行 80 个字符,分成 4 个区:标号区、续行区、语句区和注释区,每一区都有严格的起止范围。

(1)第 1~5 列为标号区。标号最多为 5 位数字,数字中的空格不起作用。标号大小与程序执行顺序无关,语句可以不带标号。标号区第一个字符为!,表示该行为注释行。在早期版本中也有规定第一个字符为 C 或 * 表示该行为注释行。

(2)第 6 列为续行区。续行标志为除空格和零以外的任何 FORTRAN 字符。注意,注释行没有续行的概念,续行不能使用语句标号。

(3)第 7~72 列为语句区。语句只能书写到语句区,一行只能写一个语句,一个语句写不下,可使用一行或多行续行。

(4)第 73~80 列为注释区。在注释区中注释不需要给出注释标志符。

2.2.2 自由格式

在自由格式源程序中,书写不再受分区和位置限制。自由格式规定:

(1)语句可以从任何位置开始书写,每行可以编写 132 个字符。

(2)一行可以写多个语句,语句之间用语句分隔标志符";"作间隔,但一行的最后一个语句不允许有标点符号。例如:

```
x=3;y=-4.65;z=x+y
```

(3)一个语句较长时可以写在多行中,除第一行外其他为续行。在 Visual Fortran 6.5 编译环境下,对续行数无限制。如有续行,需要使用续行标志符 & 实现。续行标志符 & 出现在前一行的末尾。例如:

```
y=cos(atan(sqrt(x**3+y**3)/(x**2+1)))+cos(x*y/(sqrt(x**2+y**2)))+&
    exp(a*x**2+b*x+c)
```

如果把一个语句名或函数名等 FORTRAN 中具有特定意义的字符分成两行,那么除在行末加续行标志符外,还要在下一行的开头再加一个续行标志符,这样才能将分离的字符当作一个完整的字符来处理。例如:

```
y=cos(atan(sqrt(x**3+y**3)/(x**2+1)))+co&
&s(x*y/(sqrt(x**2+y**2)))+exp(a*x**2+b*x+c)
```

（4）用"！"作注释标志符，"！"可以写在一行的任一位置，注释延伸至程序行的结束。注意在同一行的不同语句之间不能插入注释，因为"！"后的语句会被视为注释部分。

2.3 Fortran 95 的数据类型

数据结构是以数据类型的形式表现的。不同类型的数据具有不同的特性，在计算机内存中占有不同的存储长度，存储的方式不同，具有不同类型的运算。

Fortran 95 具有丰富的数据类型，见图 2.1，本节只介绍内部数据类型，其他类型在后续章节中陆续介绍。

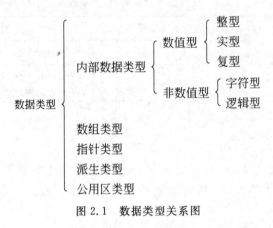

图 2.1　数据类型关系图

2.3.1　数值型数据的表示及存储

1. 整数类型

Fortran 95 中整数类型（integer）一般分为两种：长整型与短整型。整型数据包括正整数、负整数和零。在数学中，整数的取值是一个无限的集合，而在计算机中整数的取值范围受限于及其所能表示的范围，由其类型决定。表 2.2 列出了整数类型所分配的存储空间大小（以字节为单位）及取值范围，如果超出此范围，则会发生溢出错误。

表 2.2　整数的存储空间及取值范围

整型类型名	字　节　数	取　值　范　围
integer(1)	1	$-128 \sim 127 (-2^7 \sim 2^7 - 1)$
短整型 integer(2)	2	$-32768 \sim 32767 (-2^{15} \sim 2^{15} - 1)$
长整型 integer	4	$-2147483648 \sim 2147483647 (-2^{31} \sim 2^{31} - 1)$
integer(8)	8	$-2^{63} \sim 2^{63} - 1$（Alpha 系统）

2. 实数类型

实数(real)又称为浮点数(floating-point number)。实型数据有两种类型，单精度型和双精度型。在机器内部，实型数是以浮点数形式存放的，数值都是近似值，而且有误差累计。为此，引进双精度类型，即以两倍的单精度的存储空间大小来存放数据，减小累计的截断误差，大幅度提高计算的精度。实型数通常有两种表示形式：十进制小数形式和指数形式。在表示实型数据时，312.0、3.12e＋2 或 0.312E3 都代表 3.12×10^2。注意指数部分必须是整数(若为正整数时，可以省略＋号)。表 2.3 中列出了实型数据的长度和取值范围。

表 2.3　实数的存储空间、精度及取值范围

实型类型名	字节数	精度(有效数字)	取 值 范 围
单精度	4	6～7	$\pm 3.40282347E38 \sim \pm 1.17549435E-38$
双精度	8	15～16	$\pm 2.2250738585072013D308 \sim$ $\pm 1.7976931348623158D-308$

3. 复数类型

复数(complex)就是以 $a+bi$ 的形式来表示的数值。其中的 a、b 值是两个实型数。因此复数同样也有两种类型，单精度型复数和双精度型复数。复数的表示形式是采用 (a,b) 的形式。

如(1.2,3.5)，表示复数 1.2＋3.5i。

笔者所知 FORTRAN 是目前唯一提供复型数据类型的计算机常用语言。

2.3.2　非数值型数据的表示及存储

1. 字符类型

计算机除了存储数值型数据之外，也可以在内存中存放一段文本。字符类型(character)可以表示的东西非常广，从键盘输入的任何东西，不论是数字、字母、文本或任何特殊符号都可以。附录 A 的 ASCII 字符集里的字符就是这个类型所能表示的所有字符。只有一个字母或符号时称为"字符"，有一连串(多个)的字符时，就称为"字符串"。存储一个字符需要一个字节的存储空间，存储 n 个字符长度的字符串则需要 n 个字节的存储空间。

在程序中字符类型数据表示形式是用一对单引号或双引号括起来。如'a'，"hello!"。

2. 逻辑类型

逻辑类型(logical)表示逻辑判断的结果，只能有两种值，"是"(true)或"否"(false)。也可以翻译成"对"、"错"，或"真"、"假"等。

数据类型只是数据的形式化和抽象化描述,它说明一类数据的共同性质,而不是具体的数据对象。程序处理的数据必须是具体的数据对象,所以在程序中必须先明确需要处理的数据对象的数据类型。一个数据对象可以是常量、变量、数组或指针等,用户根据具体问题的需要定义数据对象的数据类型。

2.4　常量和变量

2.4.1　常量

常量是在程序中直接生成并直接用于计算和处理,且在程序运行期间保持不变的数据。如 100、78.5、(10.2,5.3)、"CHINA"、.FALSE. 等。

常量无须类型定义,直接由其表示形式可确定其数据类型。

FORTRAN 常量包括前面所介绍的五种内部类型常量和一种特殊的常量——符号常量,下面分别介绍它们的表示方法及其注意事项。

1. 整型常量

整型常量可以表示成十进制及二至三十六进位制。

(1) 十进制整数由 0～9 的一系列数字组成,例如−215、−16、0、18、24 等。

对于十进制整数,Fortran 95 通过整型 kind 值(类别类型参数)确定整数的存储空间大小(字节数)和取值范围,例如−16_2、18_4、5_1 等,下划线后是允许的整型 kind 值。整型 kind 值有四种,分别是 1、2、4、8(仅对 Alpha 系统有效),其对应的存储空间大小和取值范围参见表 2.2。

(2) 二至三十六进位制,其形式是±r♯数字。

r 前面的符号代表整数的正负。r 代表进位计数制中的基数,其取值范围为 2≤r≤36,常用的进制有二、八和十六进制,通常十六进制整数略去基数 16。下面的例子说明一个十进制整数 3 994 575 的其他进制表达形式。

【例 2-2】　一个整数的不同进位制表达形式示例。

```
print * , 2#11110011110011111001111
print * , 7#45644664
print * , +8#17171717
print * , 3994575
print * , #3cf3cf
print * , 36#2dm8f
end
```

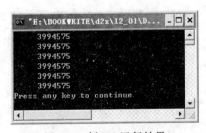

图 2.2　例 2-2 运行结果

程序运行结果如图 2.2 所示。

注意:Fortran 95 不允许整数内部出现非数值字符(如",",":"和空格);正负号和数字之间可以保留空格。

【例 2-3】 判断下列整数哪些是合法整数？哪些是非法整数？说明原因。

＋0、4654_3、－128、＋32769、12.45、134_1、8＃79、6 ＃23、＃12A、＃12_2、1,234、－0

合法整数有：＋0、－128、＋32769、＃12A、－0

非法整数有：4654_3（3 不是有效的 kind 值）

12.45（不允许小数点）

134_1（超出 1 个字节取值范围）

8＃79（八进制中不能包含数字 9）

6＃23（不允许出现空格）

＃12_2（非十进制不允许使用 kind 值）

1,234（不允许出现逗号）

2. 实型常量

实型常量通常表示成十进制小数和指数两种形式。

（1）十进制小数由整数部分、小数点和小数部分组成，且必须包含小数点。例如：

$$+12.5、-13.248、0.243、12.\text{ 和 }.123$$

十进制小数有三种表达形式：

$$\pm n.m$$
$$\pm n.$$
$$\pm .m$$

其中 n 代表整数部分，m 代表小数部分，不允许出现非数值字符（如逗号、顿号和空格等）。可以通过实型 kind 值确定实数的存储空间大小、取值范围和最大有效位数，参见表 2.3。实型 kind 值有 4、8 两种，分别表示单精度实数和双精度实数。

【例 2-4】 判断下列实数，哪些是合法实数？哪些是非法实数？说明原因。

$+0、0.0、.0、23.587\_4、654.\_5、-.、-.01200、-34.6￥、1,234,897.00、\$125.5$

合法实数有：$0.0、.0、23.587\_4、-.01200$

非法实数有：＋0（合法整数，没有小数点）

654._5（非法的实型 kind 值）

－.（小数点前后不能都没有数字）

－34.6￥、1,234,897.00、\$125.5（整数、小数部分不能有非数值字符）

（2）指数形式的实数由三部分组成：有效数字、E（或 e）和指数。例如：

$$+0.125E+2、-132.48e-1、243E-3、.12e+2、1.2e+1$$

指数形式的实数有下列四种表达方式：

$$\pm n.m\text{E}\pm S$$
$$\pm n.\text{E}\pm S$$
$$\pm n\text{E}\pm S$$
$$\pm .m\text{E}\pm S$$

其中，n 代表有效数字的整数部分，m 代表有效数字的小数部分，最前面的正负号表示数值的正负。字符 E 后面是指数部分，正负号确定指数的正负，指数必须是十进制整数，表示 10 的多少次方。字符 E 前后均不能为空。有效数字部分和指数部分的数字遵循整数和小数形式实数的要求。若指数标识为 D 或 d，则表示该实数为双精度实数，等价于 kind 值为 8，但不能指定 kind 值，即 D 指数不允许指定实型 kind 值。

指数形式是科学计算中实数的常用形式，这种形式的实数也称为科学计数法实数，它通常用来表示一个非常大的或非常小的实数。如电子的质量可表示为 0.91×10^{-30} 千克。由于在计算机设备中上下标无法表示，故 FORTRAN 采用 Exponent(指数)的第一个字母 E 来表示以 10 为底的指数，即字符 E 作为指数标识，如 0.91×10^{-30} 在 FORTRAN 程序中可表示为 0.91E−30。

【例 2-5】 判断下列实数，哪些是合法实数？哪些是非法实数？说明原因。

0e0、0.e0、−234e−5_8、23.58e−2.5、9.8e3_3、1,234,567e−6、.123e−1、12.3e＄3、￥125.5e001、e＋5、−2.34e2、4.5 6e2、1.35e＋3、11.24e＋3、12.5d34、15.6d45_8

合法实数有：0e0、0.e0、−234e−5_8、.123e−1、−2.34e2、1.35e＋3、12.5d34

非法实数有：23.58e−2.5(指数部分不能为实数)

9.8e3_3(非法的实型 kind 值)

1,234,567e−6(不能含非数值字符)

12.3e＄3(不能含非数值字符)

￥125.5e001(不能含非数值字符)

e＋5(e 前面不能为空)

4.5　6e2(不能含非数值字符空格)

11.24e＋　3(指数部分的正负号与数字之间不能有空格)

15.6d45_8(d 指数不允许指定实型 kind 值)

同一个实数可以有多种指数形式，但在计算机输出数据时，只能按照一种标准的指数形式进行输出。不同的计算机系统采用不同的标准化指数形式，常用的标准化形式有两种。

(1) 数字部分的绝对值小于 1(即小数点前面的数字必须为 0)，且小数点后第一个数字必须为一个非 0 的数字。例如，0.1234E4、0.56E−3 是标准化指数形式。对于不符合标准化条件的实数，可以通过改变指数部分的数值使其转变为标准化指数形式。例如，实数 0.0001234 的标准化指数形式是 0.1234E−3。

(2) 数字部分的绝对值小于 10 且大于 1(即小数点前只能有且只有一个非 0 数字)。例如，1.234E3、5.6E−4 是标准化指数形式。对于不符合标准化条件的实数，可以通过增大或减小指数部分的值使其转变为标准化指数形式。例如，实数 0.0001234 的标准化指数形式是 1.234E−5。

3. 复型常量

复型常量是采用圆括号将两个以逗号分隔的实数或整数括起来表示的，其中第一个

实数或整数表示复数中的实部,第二个实数或整数表示复数中的虚部。例如:

(2,2.5)表示复数 2+2.5i

(0.0,−4) 表示复数 −4i

另外,复型常量中的实部和虚部也可以是有确定结果的表达式,如(3+2.5,4.35−2)表示复数 5.5+2.35i。

在 FORTRAN 语言中,复型常量的实部和虚部的数据类型被自动识别为实型。当复数实部和虚部的数据类型不一致,或它们的 kind 值不同时,编译系统会自动将其转换。转换原则是:遇整变实,向高看齐。即,将整数变为实数,实数的 KIND 值由实部或虚部的高 kind 值确定。总之,在复数的存储方面,实部和虚部始终占据同样多的字节数。当复数的实、虚部均占 4 个字节时,复数为单精度复数;复数的实、虚部均占 8 个字节时,复数为双精度复数。

4. 字符型常量

字符型常量即字符串,是用单引号或双引号括起来的若干字符序列。例如:

"a"、"123"、"I'm a student."、'China'、"我是中国人!"

字符串首尾的引号称为字符串分隔符,字符串分隔符只能使用西文单引号或双引号。当字符串内存在引号时,会与字符串分隔符产生冲突,解决的办法是:

(1) 交替使用法,即若字符串内出现单引号,则分隔符采用双引号;若字符串内出现双引号,则分隔符采用单引号。如下面两个字符串为合法字符串:

"I'm a student."

'He said: "I am feeling well."'

(2) 重复使用法,即若字符串内出现单引号或双引号,则在其后再增加一个单引号或双引号,两个单引号或两个双引号被视为一个单引号或双引号。例如下面两个字符串为合法字符串:

'I''m a student.'

"He said: ""I'm feeling well."""

字符串中的字符不受 Fortran 95 字符集的限制,而是受计算机系统允许使用的字符限制的,因此,只要能从键盘(或其他输入设备)输入给计算机系统的字符都可以出现在字符串中。例如,下面的字符串都是合法的:

"CHINA"、'中国'、'U.S.A'、'X+Y>C'、'你好吗?'、'#@a'、'A+B;B+C'、'1234'

字符串内的字母区分大小写,如'China'与'CHina'是不同的字符串。

字符串内的空格不能忽略,每一个空格就是一个字符。如'China'与'Chi na'是不同的字符串。字符串中字符的个数(引号内所有的字符的个数,包括空格,但不能包括字符型常量的标志——引号)称为字符串的长度。长度为 0 的字符串(''或"")称为空串。字符串中的一个西文字符占据一个字节的存储空间,一个汉字(含汉语标点符号)占据 2 个字节的存储空间,且按两个西文字符计算长度,如字符串'中国'的长度是四。

【例 2-6】 确定下列字符串的长度。

"I'm a student."、"我是一个学生。"、"x+y*z>100"、"他说:"我是一个学生。""

长度分别为 14、14、9、24。

字符是以其 ASCII 代码的二进制存储在内存中的。

Fortran 95 支持 C 字符串,所谓 C 字符串就是 C 语言中的字符串。C 字符串中允许出现非打印字符(控制字符),如回车符、换行符、退格符等。C 字符串中使用特殊字符"\"后跟非打印字符的 ASCII 码或标志符来表示非打印字符。表 2.4 给出 C 字符串中非打印字符的表示形式。

表 2.4　非打印字符的表示形式

表 示 形 式	非打印字符	表 示 形 式	非打印字符
\a 或 \A	BELL	\t 或 \T	水平 tab
\b 或 \B	退格	\v 或 \V	垂直 tab
\f 或 \F	进格	\\	输出\
\n 或 \N	换行	\xhh	输出十六进制编码为 hh 的任意 ASCII 字符
\r 或 \R	回车	\ddd	输出八进制编码为 ddd 的任意 ASCII 字符

Fortran 95 中,如果一个字符串的后面紧接一个字符 C,那么这个字符串就是 C 字符串。通过 C 字符串可表示任何可输出的字母字符、专用字符、图形字符和控制字符。

例如,'中国\N'C,'CHINA'C 都是 C 字符串。

5. 逻辑型常量

逻辑型常量只有两个,分别用 .true. 和 .false. 表示。

需要注意的是:逻辑值两边的小数点"."必须有;逻辑值中字母不区分大小写。逻辑型 kind 值确定逻辑值的存储单元大小,逻辑型 kind 值有四种,分别是 1、2、4 和 8(仅对 Alpha 系统有效)中的一个。对于逻辑值 .true.,在其存储单元字节内每个二进制位上都是 1,可视为整数 -1;对于逻辑值 .false.,在其存储单元字节内每个二进制位上都是 0,可视为整数 0。因此,逻辑值可以参与数值型数据的运算,如 $4.0+$.true. 的值是 3.0。

6. 符号常量

Fortran 95 还提供一种特殊类型的常量——符号常量。符号常量就是在程序单元内代表常量的标识符。

符号常量必须通过 parameter 语句进行定义后才可使用,定义的一般格式为:

parameter(标识符=常量,标识符=常量,…)

【例 2-7】 符号常量的使用示例。

```
parameter (g=9.80655)
t=10
v=g*t
print *, v
end
```

该语句定义了符号常量 g,在该语句所在的程序单元内,g 都代表 9.80655,和常量一样进行运算。程序运行结果如图 2.3 所示。

符号常量的定义语句是一个非执行语句,按照 FORTRAN 语言的规定,它必须放在可执行语句的前面。符号常量在程序单元编译时,系统并不会为其分配存储空间,而是将程序单元中凡是出现符号常量的位置都用其所

图 2.3　例 2-7 运行结果

代表的具体常量进行替换。如 v＝g＊t,语句在编译时被翻译成 v＝9.80655＊t。如果在程序中需要多次用到同一个常量,以及在编程过程中对复杂常数项的输入(如重力加速度、圆周率、传热系数、雷诺数等),为了简化程序,这些重复性常量或复杂常数项通常引用符号常量。符号常量也可以在需要改变一个常量的值时做到"一改全改"。

2.4.2　变量

1. 变量的表示

变量是程序运行期间其值发生改变的数据,是程序主要处理的对象。变量用变量名表示,按照 2.1 节介绍的标识符命名原则命名,它代表了某个存储空间及所存储的数值。

2. 变量的说明

在使用变量之前,必须说明变量的数据类型,使编译器能够依照数据类型给每个变量分配存储单元,用于存放变量的值。说明语句要放在程序单元的头部,实行"先说明,后使用"。例如:

```
integer i, j, k
real  a, b
complex  m
character*8  c
```

说明变量 i、j 和 k 是整型,a、b 为实型,m 为复型,c 为字符型,字符长度为 8。

例如整型变量 i,编译器依照数据类型会给变量 i 在内存中分配 4 个字节的存储单元,如图 2.4 所示。变量 i 是这个内存单元的符号地址,在存储单元中可以存放具体的内容即变量值,通过变量名来访问存储单元。

程序设计基础——Fortran 95

在学习中建立起变量与变量地址的概念会对以后的学习大有用处。一讲到变量就要想到有一个地址与之联系。

FORTRAN 中有五种内部数据类型变量,说明变量的数据类型有三种方式。

1) 使用类型说明语句

一般格式为:

类型说明符 [::] 变量名,变量名,…

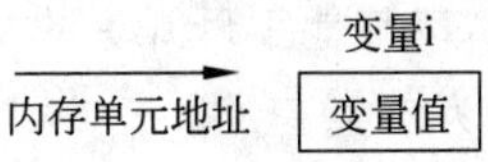

例如:

```
integer  x,y,z                    !定义 x、y 和 z 是整型变量
character * 6  name               !定义 name 是字符型变量,字符长度为 6
complex :: s=(1.5,8.9)            !定义 s 是单精度复型变量,并对其赋初值(1.5,8.9)
integer(2)::a=1,b                 !定义 a、b 是短整型变量,对变量 a 赋初值 1
real * 8  l                       !定以 l 是双精度型变量
```

注意:

① 类型说明符后括号中的数字 2 和"＊"号后的数字 8 是类别类型参数(kind 值),其取值要符合数据类型的规定,如整型不能有 1、2、4、8 以外的 kind 值。

② 符号"::",在变量定义语句中可有可无。若有可对变量赋初值,否则不能赋初值,赋值则会出错。

FORTRAN 的内部数据类型变量说明符有:

integer (整型说明符)

real (实型说明符)

double precision (双精度型说明符)

complex (复型说明符)

character (字符型说明符)

logical (逻辑型说明符)

2) 利用隐含说明语句 implicit

implicit 说明语句可以将以某个或某些字母开头的变量规定为所需要的数据类型。

一般格式为:

```
implicit  类型说明符(变量名起始字符,变量名起始字符,…)
implicit  类型说明符(变量名起始字符-变量名起始字符)
```

例如:

```
implicit  real(a, b, f), integer(e, g)
```

指定以字母 a、b 和 f 开头的变量为实型变量,以字母 e,g 开头的变量为整型变量。

```
implicit  integer(a-e)
```

指定从字母 a 到 e(即 a、b、c、d、e)开头的变量是整型变量。

图 2.4 变量的定义和
内存地址关系

3) 利用隐含约定

隐式约定又称为 I-N 规则,它是传统 FORTRAN 语言预先定义好的一种变量数据类型定义规则,即凡变量名以字母 i、j、k、l、m、n(不区分大小写)开头的变量被默认为整型变量,以其他字母开头的变量被默认为实型变量。如 num 被默认为整型变量,student 被默认为实型变量。

说明:

① 在以上 3 种变量说明方式中,第一种说明方式的优先级最高,第二种次之,第三种最弱。

在 implicit 语句后可以使用类型说明语句重新说明已隐含定义的变量类型,反之则不允许。

例如有如下连续说明语句:

```
implicit  integer(a-d)      !合法
implicit  real(c,f)         !非法,以字母 c 和 d 开头的变量已被隐含定义为整型变量
integer  c,d                !合法,类型定义语句比 implicit 语句优先
implicit  logical(c)        !非法,以字母 c 开头的变量已被定义为整型变量
```

② 在一个程序中,一个字母不能同时出现在两个或两个以上的 implicit 语句中。

③ 隐含约定具有一定的副作用。如与第一种、第二种说明混合使用,容易使变量类型不清晰,影响程序的阅读,因此 Fortran 95 不提倡使用。可以在程序单元中变量说明之前加入 implicit none 语句可以取消 I-N 规则。

④ 变量类型说明语句是非执行语句,应将其放在可执行语句之前,其中 implicit 语句要放在类型说明语句之前。

⑤ 类型说明语句只在所在程序单元中才有效。

⑥ 需要特别指出的是,对于字符型变量的说明通常采用的格式为:

character([len=]n) 变量表

格式中的[len=]n 代表被说明变量的长度,[len=]常省略。

例如:

character(20) name   !定义了一个长度为 20 的字符型变量 name

当 n=1 时,字符型变量的定义格式可简化为:

character 变量表

例如:

character a(10)   !定义了一个包含 10 个字符型元素的数组,并且每个数组元素的长度都为 1

字符型数据定义时还可以单独指定变量表中某个变量的长度,遇到这种情况时,遵循的原则是"个别优于一般"。

例如：

```
character(8) a * 10,b,c * 13    !定义了三个字符型变量,根据上面的原则可知 a 的长度为 10,
                                 b 的长度为 8,c 的长度为 13
```

3. 变量的初始化

1) 直接赋值

通常一个变量是先定义,然后再给它赋值,例如:

```
integer  a
a=20
```

前面已提到,在 FORTRAN 语言中可以在说明变量时对其赋初值,即初始化,如上列可改为:

```
integer:: a=10
```

同样,其他类型的变量也可以在说明的同时就对其初始化。需要注意的是:使用这个方法来设置初值时,不能省略说明中间的那两个冒号。

2) 用 data 语句初始化

一般格式为:

```
Data  变量 1,变量 2,…,变量 n/常量 1,常量 2,…,常量 n/
```

说明:

① data 可以给多个变量同时赋初值,中间用逗号隔开。
② 被赋值的常量一定要放在一对“/”中。
③ 被赋值的常量与对应的变量数据类型要一致。
④ 被赋值的常量中还可以使用 * 来表示数据的重复。

例如:

```
real a,b,c
data a,b,c/1.0,2.0,3.0/
```

通过此 data 赋值语句得到 a＝1.0,b＝2.0,c＝3.0。

又如下面的语句:

```
data m,n,k/3 * 5/
```

执行此语句后,m,n,k 的值都为 5。

2.5 Fortran 95 的算术运算符与算术表达式

运算符是对相同类型的数据进行运算操作的符号。用运算符将常量、变量和函数等数据连接起来的式子称为表达式。表达式的类型由运算符的类型决定,每个表达式按照规定的运算规则产生一个唯一的值。

FORTRAN 的运算符有算术运算符、关系运算符、逻辑运算符、字符运算符。本节只介绍算术运算符和算术表达式。

2.5.1 算术运算符

Fortran 95 提供 5 种算术运算符，如表 2.5 所示，它们的作用与数学中的算术运算符相同。

表 2.5 算术运算符

运　算　符	名　　称	运　算　符	名　　称
**	乘方	+	加
*	乘	−	减
/	除		

算术运算符的优先级为括号→乘方→乘、除→加、减，其中乘和除同级，加和减同级，分别从左到右进行计算，乘方运算从右到左。

2.5.2 算术表达式

算术表达式是由算术运算符将数值型常量、变量和返回数值型数据的函数等连接起来的式子，其结果是数值型数据。

例如：$3+2*5/4$、$-5.5*4**2$ 和 $\sin((a+1)**2)/(n**2+1)$ 都是算术表达式。

【例 2-8】 给出下列算术表达式的计算顺序和各顺序对应的值。

(1) $-10+2*3/5+2**3$

计算顺序是：

① $2**3$ 的结果为 8。

② $2*3$ 的结果为 6。

③ $6/5$ 的结果为 1。

④ 10 先与 − 结合。

⑤ $-10+1$ 的结果为 −9。

⑥ $-9+8$ 的结果为 −1。

表达式计算结果为 −1。

(2) $2**3**2/2$

计算顺序是：

① $3**2$ 的结果为 9。

② $2**9$ 的结果为 512。

③ $512/2$ 的结果为 256。

表达式计算结果为 256。

注意：当算术运算符两侧数的数据类型不一致时，要先转换成同一数据类型后再计算。转换原则是低级向高级转换。例如，计算 2_2+4 时，先将 2 转换为 4 个字节整数，然后计算，表达式的结果为 6，在内存中占 4 个字节。计算 2+4.0 时，先将 2 转换为 2.0，然后计算，表达式的结果为 6.0。

【例 2-9】 给出下面表达式的计算顺序和各顺序对应的值及数据类型。

$$2**3 * 2.0 - 10.0\_8$$

计算顺序是：

① 2**3 的结果为 8（整型）。

② 8 * 2.0 的结果为 16.0（双精度）。

③ 16.0−10.0_8 的结果为 6.0（双精度）。

算术表达式注意事项说明：

(1) 表达式中常量的表示、变量的命名以及函数的引用要符合 FORTRAN 语言的规定。

(2) FORTRAN 表达式只能在行上从左到右书写，即所有字符都必须写在一行，FORTRAN 表达式中没有带有下标的变量、分式等。例如数学表达式 $\frac{x_1}{y_1} + \frac{x_2}{y_2}$，写成 FORTRAN 表达式应为 x1/y1+x2/y2。

(3) 算术表达式中的乘号不能省略。

(4) FORTRAN 表达式只允许用小括号，不能使用大、中括号。根据需要用括号表明运算顺序。例如数学表达式 $\{[(a+b)^2+(a-b)^2]^3+c\}+8$，写成 FORTRAN 表达式应为 (((a+b)**2+(a−b)**2)**3+c)+8。

(5) 两个整数相除的结果一定也为整数，小数部分自动舍去。当分子小于分母时结果一律为 0。如 3/2 的结果为 1，而不是 1.333333，3/4 * 4 的结果为 0，而不是 3。

(6) 在进行实型数运算时，要注意误差问题。

2.6 Fortran 95 标准函数

函数在科学计算领域有广泛的使用，如三角函数、对数函数、双曲函数、字符串处理函数等。计算机语言中提到的函数是对数学等学科中函数的计算机实现，它实际上是具有独立功能的程序模块。

FORTRAN 语言是以科学计算为特长的计算机语言，它为用户提供了丰富的内部函数库（标准函数库）。它将三角函数、平方根函数、指数及对数函数等一些专门用于计算的函数分别编成一个个子程序，放在程序库中供调用，这些子程序就称为内部函数或标准函数。用户在使用时，不必重新编写实现这些函数运算的源程序，只要写出相应的函数名和该函数所要求的自变量（变元、参数）即可。例如求 2 的平方根，直接写出 sqrt(2.0) 就行了。Fortran 95 提供了 130 多个标准函数，表 2.6 给出了部分常用标准函数。

使用标准函数时要注意以下 8 点：

（1）标准函数的自变量个数可能不止一个，使用时必须与其要求相匹配。如平方根函数、三角函数等只有一个自变量，mod 和 sign 函数必须要有两个自变量，max 和 min 函数需要两个或两个以上自变量。另外在使用标准函数时，自变量必须要用括号括起来。如数学表达式 sinx+cosy，用 FORTRAN 语言表示，必须写成 sin(x)+cos(y)，不加括号就是错误的。

（2）某些标准函数对自变量的顺序也有要求，在使用中，自变量顺序改变时，函数的值就不同。如 sign(2，−3) 的值为 −2，而 sign(−3，2) 的值为 3。某些函数对自变量的顺序没有任何要求，如 max 和 min 函数。

（3）函数的自变量是有数据类型要求的。表 2.6 列出了所给标准函数的自变量类型和相应的函数值类型，例如当 x 的类型是整型时，abs(x) 的类型是整型，当 x 的类型是实型时，abs(x) 的类型是实型。此外，在多自变量的函数中，要求所有自变量的类型必须完全一致，否则编译时会出错，如 mod(x，y)，函数自变量 x，y 要求同时为整型数据或实型数据，函数值的正负号与第一个自变量相同。

（4）函数的自变量可以是常量、变量或表达式。如 sin(3.0)、sin(3.0 * 2+5.5) 和 sin(x * y)(x，y 为实型变量)均是正确的。

表 2.6　部分常用标准函数

函　数　名	含　　义	自变量类型	函数值类型
ABS(x)	求绝对值	整、实	与自变量相同
COS(x)	余弦	实、虚	与自变量相同
SIN(x)	正弦	实、虚	与自变量相同
TAN(x)	正切	实、虚	与自变量相同
ACOS(x)	反余弦	实、虚	与自变量相同
ASIN(x)	反正弦	实、虚	与自变量相同
ATAN(x)	反正切	实、虚	与自变量相同
LOG(x)	自然对数	实、虚	与自变量相同
LOG10(x)	常用对数	实、虚	与自变量相同
EXP(x)	指数	实、虚	与自变量相同
SQRT(x)	平方根	实、虚	实、虚
INT(x)	向零取整	整、实、虚	整型
MOD(x，y)	求余	同整、实	与自变量相同
MAX(x_1，x_2，…，x_n)	求 x_1，x_2，…，x_n 中最大值	同整、实	与自变量相同
MIN(x_1，x_2，…，x_n)	求 x_1，x_2，…，x_n 中最小值	同整、实	与自变量相同
SIGN(x，y)	求 x 的绝对值乘 y 的符号	同整、实	与自变量相同

函 数 名	含 义	自变量类型	函数值类型
REAL(x,[实型 kind 值])	将 x 转换为实型 kind 值的实数	整、实、虚	实型
HUGE(x)	查询 x 所属类型的最大值	整、实	与自变量相同
TINY(x)	查询 x 所属类型的最小值	整、实	与自变量相同
KIND(x)	查询 x 的 kind 参数值	内部数据类型	整型
CHAR(n)	将 ASCII 码 n 转换为对应的字符	整型	字符型
ICHAR(c)或 IACHAR(c)	将字符 c 转换为对应的 ASCII 码	字符型	整型
LEN(s)	求字符串 s 的长度	字符型	整型
SIZEOF(x)	查询 x 的存储字节数	内部数据类型	整型

(5) 三角函数的自变量单位是弧度,如果是度,则必须转换为弧度。

(6) 每个标准函数的函数值只有一个,且有明确的数据类型规定。绝大多数标准函数的函数值类型与自变量类型相同,如函数 sqrt(4.0d0)=2.0d0,类型都为双精度型,也有个别标准函数的函数值类型与自变量类型不同,如函数 int(8.6)=8,自变量类型为实型,而函数值类型为整型。当 x 是 5 种内部数据类型之一时,sizeof(x)的类型均是整型。

(7) implicit 语句不能改变内部函数的类型。

(8) 函数引用的结果只是得到一个函数值,因此,函数引用不能作为一个单独的语句,而只能作为表达式的一部分,它可以出现在任何可以出现表达式的地方(如出现在赋值语句的右边、输出语句的输出表中等。当然也可以在函数调用中作为实际参数)。

下面通过例题来学习标准函数的使用。

【例 2-10】 标准函数的应用示例。

函数引用	结果	说明
sin(3.1415926/2)	1.000000	求正弦
int(3.7)	3	趋向零取整
nint(3.7)	4	四舍五入取整
log((1.5732,−1.5732))	(0.7996854,−0.7853982)	复数(1.5732,−1.5732)的自然对数
ichar('c')	99	小写字母 c 转换为其 ASCII 码值
char(99)	c	将 ASCII 码值转换为对应的字符
mod(3.5,−2.5)	1.000000	求两个实型数 3.5 除以−2.5 的余数
mod(−3,2)	−1	求两个整型数−3 除以 2 的余数
sign(−3,2)	3	将第二个数的符号传递给第一个数
sizeof(.true.)	4	逻辑型数据的存储字节数
sizeof(3.6)	4	单精度型数据的存储字节数
sizeof(2)	4	整型数据的存储字节数
sizeof((2.3_8,2))	16	双精度复型数据的存储字节数

习 题 2

1. Fortran 95 的字符集包括哪些内容？

2. 判断下列标识符中哪些是合法的？哪些是非法的？并解释非法标识符的错误原因。

(1) a12c   (2) c%50   (3) dzd~1   (4) sin(x)

(5) d. 2   (6) 'one'   (7) ax_12   (8) 23cs

(9) print   (10) 兰州   (11) c $ d   (12) _hel

3. Fortran 95 的内部数据类型有哪些？

4. 简述符号常量与变量的区别。

5. 下列数据中哪一些是合法的 Fortran 95 常量。

(1) 34   (2) 3.1415926   (3) -129_1 (4) 3.96e$-$2

(5) $+256\_3$ (6) parameter(n=10)   (7) 'CHINA'   (8) "中国"

(9) (2.3,5.7)   (10) f   (11) . true.   (12) .23

(13) 23.   (14) 3.96 * e$-$2   (15) 3.96e$-$2.5   (16) .e$-$2

6. 已知 a=2,b=3,c=5.0,且 i=2,j=3,求下列表达式的值。

(1) a * b+c/i   (2) a * (b+c)   (3) a/i/j   (4) a**j**i

(5) a * b/c   (6) a * (b**i/j)   (7) a * b**i/a**j * 2

7. 将下列数学表达式转换成对应的 Fortran 95 表达式。

(1) $x\in(2,7)$

(2) $2.24\leqslant x<5.78$

(3) $2x+3y+6xy=0$

(4) $\dfrac{-b+\sqrt{b^2-4ac}}{2a}$

(5) e^{ay^2+by+c}

(6) $\cos^3\left(\dfrac{ax+b}{\sqrt{x^2+b^2}}\right)$

(7) $|a-b|\leqslant C^2$

(8) 写出实数 a、b 和 c 能构成三角形的条件。

8. 如果 a=2.7,b=6.1,c=5.5,d=6,l=. false. ,m=. true. ,请求出下列逻辑表达式的值。

(1) (a$-$b). lt. (b$-$c). and. a. eq. 2.7

(2) a+2 * b. ne. b+c. or. c. ne. d

(3) . not. l. and. m

(4) a$>$=b. or. c$<$=d. and. l==. not. m

(5) c/2+d$<$a. and. . not. . true. . or. c==d

第 **3** 章 顺序结构程序设计

教学目标：

- 掌握赋值语句的使用方法。
- 掌握常见的输入和输出语句的使用方法。
- 掌握 end 语句的使用方法。
- 了解 stop 语句、pause 语句的使用方法。

通过前两章的学习，我们了解了 FORTRAN 语言的一些基本知识、简单的 FORTRAN 程序和上机步骤，掌握了程序中用到的一些基本要素（如常量、变量、运算符、表达式等），它们是构成 FORTRAN 语言程序的基本组成部分。从本章开始将学习如何编写程序，以及编写程序所需掌握的一些知识。下面先从一个简单的例题开始学习编写程序。

【例 3-1】 已知 a＝1，b＝2，c＝a＋b，编写程序计算 c 的值。

程序编写如下：

```
integer a, b, c           !定义整型变量a,b,c
a=1                       !给a赋值1
b=2                       !给b赋值2
c=a+b                     !计算a、b的和
print * , "C=",a,"+",b,"=",c   !输出c的值
end
```

程序运行结果如图 3.1 所示。

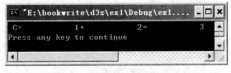

图 3.1　例 3-1 运行结果

这个实例程序很简单，程序的实际执行命令有四行（第 2～5 行）：

第 2 行到第 3 行是赋值语句，分别将原始数据赋值给变量 a、b，以待后续处理。

第 4 行也是赋值语句，是对原始数据的加工处理，即求和，求和后的结果保存到变量 c 中。

第 5 行是输出语句，将运行结果显示到屏幕上。

程序执行时按顺序依次执行每一个语句的命令，直到程序结束。将这种程序结构称

为顺序结构,它是最简单的程序设计结构。

在本章中,主要介绍实现顺序结构的基本语句:赋值语句以及输入输出语句的基本知识。

3.1 赋 值 语 句

从上面的实例程序可以看到,赋值是一种非常重要的概念,作用是将一个确定的值赋给一个变量。

一般格式为:

v=e

v 代表一个变量名(v 是"变量"英文单词 variable 的第一个字母),"="称为赋值号。e 代表一个表达式(e 是"表达式"的英文单词 expression 的第一个字母)。也可以写成:

变量=表达式

例如:

x=1.2
y=x
z=(-b+sqrt(6**2-4*a*c))/(2*a)

都是正确的赋值语句。

赋值语句使用说明:

(1) 赋值语句的功能是先计算右边表达式 e 的值,而后将此结果赋给左边的变量。对变量的赋值过程是"覆盖"过程,指的是在变量对应的存储单元中用新的值去替换原有的值。例如:

n=n+1

在数学中是错误的,但在 FORTRAN 语言中却是一句正确的赋值语句。这句赋值语句作用是取出变量 n 对应存储单元中的数值,加上 1,再将新的值存入变量 n 对应的存储单元中,覆盖原来的值。如果 n 原来为 2,执行上面的赋值语句后,n 的值是 3,再执行一次,N 的值是 4,依次类推。

(2) 赋值号"="是语句符号,执行赋值操作,不是运算符,不能去判断赋值号两端相等。

(3) 赋值语句不能连等,即赋值语句只允许出现一个赋值号,不允许有两个赋值号。例如 a=b=3 在数学上是合法的,但是非法的 FORTRAN 赋值语句。

(4) "="两边数据类型不相同时,先对右边表达式进行计算,然后将计算结果的数据类型转换为赋值号左边变量的数据类型进行赋值。

例如:

integer::n=3

```
n=n*1.5+n/4
```

执行后,n 的值为 4。

赋值过程为：先计算表达式 n＊1.5＋n/4,表达式计算分 3 步：第 1 步计算 n＊1.5,结果为 4.5;第 2 步计算 n/4,结果为 0,第 3 步计算 4.5＋0,结果为 4.5。然后将表达式结果 4.5 转换为整型值 4,再赋值给整型变量 n。

当赋值号两侧的类型不同时,往往会产生程序设计者事先预想不到的结果。所以在编写程序时,应尽可能使赋值号两侧保持同类型。

(5) 如果是字符变量赋值语句,赋值时应遵循以下规律：

右边字符表达式长度与左边变量长度相同时,直接赋值。

右边字符表达式长度小于左边变量长度时,在表达式字符串后面补空格使其和变量等长,然后赋值,即"左对齐,右补空格"。

右边字符表达式长度大于左边变量长度时,将表达式字符串从左侧开始截取与变量长度相同的字符串,然后赋值,剩余舍去,即"左对齐,右截掉"。

【例 3-2】 字符型数据赋值练习。

```
character * 5 ch1,ch2,ch3,ch4 * 1,ch5 * 11
ch1='love'
ch2='chIna'
ch3='student'
ch4=ch2(3:3)
ch5=ch4//' '//ch1//'you!'
```

执行后,ch1 为'love_'(_表示空格)

ch2 为'china'

ch3 为'stude'

ch4 为'I'

ch5 为'I _ love_ you!'

需要注意的是：

① 例题中出现的字符连接符//,作用是将两个字符型数据连接起来,组成一个新字符型数据,如本例中 ch5。它是唯一的一个字符运算符。

② ch2(3：3)表示 ch2 的一个子串,即一个字符串的一部分称为该字符串的子串。通常表示为：

字符变量名(m：n)

其中 m 和 n 是整数或整型表达式,用来表示子串在字符串中的起止位置,取值范围为：字符串长度≥n≥m≥1。

(6) 复型变量的赋值语句中如果右边表达式中实部或虚部含有变量,应该用 complex 函数将实部和虚部组成复型数据再赋给复型变量。

例如：

```
integer c
```

```
complex a,b
a=(2.5,3.0)
b=cmplx(2.5*c,3.0)
```

3.2　输入和输出语句

【**例 3-3**】　问题：在例 3-1 中，我们通过赋值语句将需要计算的原始数据 1 和 2 分别保存到变量 a 和 b 中，那么除了通过赋值语句还有其他方法可以将数据 1 和 2 保存到变量 a 和 b 中吗？如果要用这个程序求 3 和 4 的和值，或者其他两个整数的和值时，应该如何修改程序最简单呢？

对于上述问题，可以通过引入输入语句解决。

程序修改如下：

```
integer a, b, c           !定义整型变量 a、b、c
read *,a, b               !从键盘输入数据到变量 a 和 b
c=a+b                     !计算 a、b 的和
print * , "C=",a,"+",b,"=",c   !输出 c 的值
end
```

程序运行结果如图 3.2 所示。

图 3.2　例 3-3 运行结果一

再一次运行程序结果如图 3.3 所示。

图 3.3　例 3-3 运行结果二

通过执行输入语句，每次运行程序时从键盘上输入两个整型数据到变量 a、b 中，增加了程序的灵活性，程序可以计算任意两个由用户从键盘输入的数据之和。

从上面例题可以看出，一个计算机程序通常包含三个部分，即输入、处理和输出。输入、输出就是把要加工的原始数据通过某种外部设备（如键盘、磁盘文件等）输入计算机的存储器中，且把处理结果输出到指定设备（如显示器、打印机或磁盘等），把数据以完整、有效的方式提供给用户。

输入输出数据时,需要程序告诉计算机三种信息:

一是输入输出哪些数据。

二是用何种格式输入输出(每个数据如何表示,占多少字符位;数据间如何分隔等)。

三是从什么设备上输入输出。

有了这些信息,计算机就可以对输入的数据,进行加工处理,然后将结果输出。

FORTRAN 语言提供了输入语句(read 语句)和输出语句(write 语句和 print 语句),以实现上述数据传送的功能,输入输出的格式分为三种:

(1) 按系统隐含的格式输入输出(即表控格式输入输出、自由格式输入输出)。

(2) 按用户指定的格式输入输出(即有格式输入输出)。

(3) 无格式的输入输出。它是以二进制形式输入和输出数据,只适用于计算机内存与磁盘、磁带等之间的数据交换。

本节只介绍前两种输入输出格式。

3.2.1 表控输出输入

1. 表控输出

表控输出是最简单的输出方法。其输出格式不必用户自己说明,而是由系统做了隐含的规定,故也称为固定格式输出。

表控输出语句一般格式为:

print *,输出表

*表示从系统隐含指定的输出设备(一般为显示器)上,按系统隐含规定的格式输出数据。

输出表由若干输出项组成,输出项可以是常量、变量、表达式,各输出项之间用逗号间隔。

例如 print *,a,35.0,a*2 是合法输出语句。执行此输出语句时,计算机按输出系统隐含规定的格式在显示器上输出 3 个实型数据。

说明:

(1) *后面可以为空,即 print * 是合法输入语句,执行该语句,输出一空白行,相当于一个换行语句。

(2) 系统隐含规定的输出格式非常简单,数据按规定的输出宽度及显示形式输出,数据之间不添加分隔符。

(3) 输出语句中输出项如果是字符串,字符串中内容原样显示输出。

例如:

```
x=1.5;y=2.5;z=6.5
print *,"平均值=",(x+y+z)/3.0
end
```

输出结果如图 3.4 所示。

(4) 如果有多个输出语句时,每个 print 语句都从新的一行开始输出数据。

例如执行下面语句:

```
i=12;j=-25;a=12.345;b=245.5e2
print * ,i,j
print * ,a
print * ,b
end
```

输出结果如图 3.5 所示。

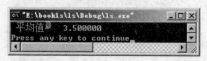

图 3.4　输出项为字符串时运行结果　　　　图 3.5　多个输出项时运行结果

三个 print 语句,分三行输出。

(5) 表控输出也可以写为以下形式:

```
write( * , * )输出表
```

其中,第一个 * 表示系统隐含指定的输出设备(显示器),第二个 * 表示表控输出。

2. 表控输入

使用表控输入语句,用户在输入数据时只要按照系统隐含规定的标准格式输入数据即可。

表控输入语句一般格式为:

```
read * ,输入表
```

* 表示从系统隐含指定的输入设备(一般为键盘)上按系统隐含规定的格式输入数据。

例如 read * ,a,b,c 是合法输入语句。执行此输入语句要求用户从键盘输入 3 个实型数据分别给 a、b、c 变量。

说明:

(1) * 后面可以为空,即 read * 是合法输入语句,执行该语句,等待用户按 Enter 键。

(2) 输入表必须由变量组成,可以有一个或多个变量,变量之间用逗号间隔,且可以是多个不同类型的变量。

下面语句是合法的变量定义语句和输入语句:

```
integer i,j
real a,b
```

```
character * 8 str1,str2 * 5
logical log1,log2
read * ,str1,i,j,str2,a,log1,b,log2
```

（3）输入数据时，数据按合法形式表示，输入数据的次序和类型要与输入表中各变量的次序和类型相一致。如果只输入一个数据，直接输入后按 Enter 键确定。如果输入多个数据，数据之间用逗号、空格或回车符间隔。例如：

```
        read * ,a
```
输入方式：12.5↙　（↙表示回车，下同）

```
        read * ,a,b,c
```
输入方式：12.5,2.6,31.4↙

或　　　　12.5　2.6　31.4↙

或　　　　12.5↙

　　　　　2.6↙

　　　　　31.4↙

（4）如果输入时，输入数据个数少于输入表中变量个数则计算机将等待用户继续输入（光标闪烁），如果输入数据多余输入表中变量个数，多余数据不起作用。

（5）如果有多个输入语句时，每个 read 语句都从新的一行开始读数据。

例如：

```
read * ,i,j
read * ,a
read * ,b
```

执行上面语句时，应按以下方式输入 4 个数据：

```
12,25↙
25.5↙
3.6
```

第一个 read 语句依次读 12 和 25，赋予 i 和 j。第二个 read 语句从第二行开始读数，读入 25.5 赋予 a。第三个 read 语句从第三行开始读数，读入 3.6 赋予 b。

（6）表控输入也可以写为以下形式：

```
read( * , * )输入表
```

其中，第一个 * 表示系统隐含指定的输入设备（键盘），第二个 * 表示表控输入。

3.2.2　格式化输出输入

在前面的例题中使用 print 和 read 命令时，都采用的是表控输入输出，这些程序的显示结果并不是很"清晰"和"美观"。格式化输出的目的就是要把数据有规划地进行版面设计后再显示，从而使输出结果更为清晰和整齐；格式化输入的目的是为了在某些情况下读取数据时，通过设置恰当的输入格式使之能够得到正确的结果。

下面对格式化输入输出作进一步的说明。

1. 格式化输出

格式化输出的一般格式为：

```
print  语句标号,输出项
语句标号  format(格式说明)
```

或

```
write (*,语句标号) 输出项
语句标号  format(格式说明)
```

由上可见,格式输出需要语句标号连接的输出语句和 Format 语句配合使用来实现。Format 语句是"格式说明语句",它是一个非执行语句,本身不产生任何操作,只是提供输出的格式。在 Format 语句中用相关编辑符指定输出格式,输出语句通过语句标号引用该 Format 语句,按照其指定的格式进行输出。

Format 语句可以出现在程序中程序单元说明语句之后和 end 语句之前的任何地方。

【例 3-4】 对例 3-3 的计算结果进行格式化输出。

程序编写如下:

```
integer a, b, c          !定义整型变量 a、b、c
read *,a, b              !输入数据到变量 a 和 b
c=a+b                    !计算 a、b 的和
print 100, "C=",a,"+",b,"=",c    !输出 c 的值
100  format(a,i2,1x,a,i2,1x,a,i4)
end
```

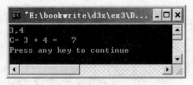

图 3.6 例 3-4 运行结果

程序运行结果如图 3.6 所示。

当格式不复杂时,可以把输出格式直接写在 print 或 write 中。一般格式为:

```
print '格式说明符',输出项
```

或

```
write (*,'格式说明符') 输出项
```

例如:

```
print '(2i3)',m,n
write(*, '(2i3)')m,n
```

2. 格式化输入

格式化输入的形式与格式化输出的形式完全相同,只是把 print 或 write 换成 read 就可以了。

例如:

```
read '(2i3)',m,n
read(*, '(2i3)')m,n
```

在进行输入数据时,除使用文件外,通常不需要设置输入的格式。故下面对格式输入的介绍要简单些。

3. 格式说明

格式说明由编辑符组成,它的作用是将数据按照编辑符指定的格式输出输入。Fortran 语言中格式化输出输入的编辑符非常丰富,但是常用的并不多,这里只介绍最常使用的几个编辑符。

1) I 编辑符

I 编辑符用于整型数据的输出。

一般格式为:

```
rIw [.m]
```

表示以 w 个字符的宽度来输出整数,至少输出 m 个数字。r 为重复系数,为 1 时常省略。

I 编辑符输出的使用规则为:

当 w 等于输出项实际的数字位数时,直接输出。

当 w 大于输出项实际的数字位数时,在输出字段值左侧添加空格补足 w 个字符;即"右对齐,左补空格"。

当 w 小于输出项实际的数字位数时,将输出 w 个 *。

例如:

```
print 100, 150,12,1500,22
100 format (i3,i5,i3,i5.3)
```

输出结果为:

```
150_ _ _12***_ _022
```

I 编辑符输入的使用规则为:在输入记录中按顺序截取 w 个字符存入对应的输入项。

2) F 编辑符

F 编辑符用于小数形式的实型数据的输出。

一般格式为:

```
rFw.d
```

表示以 w 个字符的宽度来输出实数(包含小数点),小数部分占 d 个字符宽度。r 为重复系数,为 1 时常省略。

F 编辑符输出的使用规则为:

（1）先处理小数部分：

如果输出项小数部分实际位数小于 d，则输出时小数部分右边以 0 补足到 d 位。

如果输出项小数部分实际位数大于 d，则保留 d 位，从 d+1 位开始四舍五入。

（2）再整体处理实数：

当 w 等于输出项实际的数字位数时，直接输出。

当 w 大于输出项实际的数字位数时，在输出字段值左侧添加空格补足 w 个字符。即"右对齐，左补空格"。

当 w 小于输出项实际的数字位数时，将输出 w 个 *。

例如：

```
     print 10,456.78,55.6855,123450.6789
10   format(3f9.3)
```

输出结果为：

```
_ _456.780_ _ _55.686*********
```

F 编辑符输入的使用规则为：在输入记录中按顺序截取 w 个字符存入对应的输入项。若截取的 w 个字符中不含小数点，则系统自动按 d 决定小数点的位置，若 w 个字符中含有小数点，则"自带小数点优先"。

3）E 编辑符

用于指数形式的实型数据的输出。

一般格式为：

rEw.d

表示以 w 个字符的宽度来输出实数，数字部分小数占 d 个字符宽度。r 为重复系数，为 1 时常省略。

E 编辑符输出的使用规则为：先处理小数部分，后整体处理指数型指数。处理方式同 F 编辑符。

需要注意的是：E 编辑符采用规格化的指数形式进行输出实数，即数字部分小数前面为 0，小数点后第一位为非 0 数字，指数部分占 4 列（E、指数符号位及两位指数）。

例如：

```
 print 10,456.78,55.6855,123450.6789
10   format(e9.3,e12.3,e6.3)
```

输出结果为：

```
0.457E+03_ _ _0.557E+02******
```

E 编辑符输入的使用规则同 F 编辑符。

4）L 编辑符

L 编辑符用于逻辑型数据的输出。

一般格式为：

rLw

表示以 w 个字符的宽度来输出逻辑型数据。r 为重复系数，为 1 时常省略。

L 编辑符输出的使用规则为：

逻辑值为真(.true.)时，输出字母 T。

逻辑值为假(.false.)时，输出字母 F。

输出项不足 w 位时，左补空格凑足 w 位。

例如：

```
print 10,.true.,.false.
10  format(l5,l3)
```

输出结果为：

____T__F

L 编辑符输入的使用规则为：输入的数据可以是 .TRUE. 或 .FALSE.，也可以是第一个字母为 T 或 F 的任何字符串(T 或 F 前面可以是"."或空格)。

5) A 编辑符

A 编辑符用于字符型数据的输出。

一般格式为：

rAw

表示以 w 个字符的宽度来输出字符型数据。r 为重复系数，为 1 时常省略。

A 编辑符输出的使用规则为：

当 w 等于输出项实际包含的字符长度时，直接输出。

当 w 大于输出项实际包含的字符长度时，在输出字段值左侧添加空格补足 w 个字符，即"右对齐，左补空格"。

当 w 小于输出项实际包含的字符长度时，输出最左边的 w 个字符。

当 w 省略时，按照输出项实际包含的字符长度进行输出。

例如：

```
print 10,'HELLO','HOW ARE YOU?','HELLO'
10  format(a3,a15,a)
```

输出结果为：

HEL___ HOW ARE YOU? HELLO

A 编辑符输入的使用规则为：

在输入记录中按顺序截取 w 个字符存入对应的输入项。所截取的 w 个字符能否全部存入对应的输入项还取决于输入项的长度。

当 w 等于输入项的字符长度时,w 个字符全部存入输入项。

当 w 大于输入项的字符长度时,从 w 个字符中取出最右边的字符存入对应的输入项。(这一点与字符型赋值语句规则相反。)

当 w 小于输入项的字符长度时,w 个字符全部存入输入项,并靠左对齐,右边补空格凑够输入项的字符长度。(这一点与字符型赋值语句规则相同。)

前面 5 种编辑符为可重复性编辑符,使用时必须与输出表中的数据一一对应。接下来讲述两种常用的非重复性编辑符。

6)X 编辑符

一般格式为:

```
nX
```

X 编辑符用于在输出(入)项之间插入空格,或输出位置向右移动 n 位。

例如:

```
print 10,'HELLO',100
10  format(5x,a,2x,i3)
```

输出结果为:

```
_____HELLO__100
```

7)斜杠(/)编辑符

斜杠编辑符作用为换行输出输入。

例如:

```
print 10,'HELLO',100
10  format(a,//,i5)
```

输出结果如图 3.7 所示。

共输出三行。

图 3.7 斜杠编辑运行结果

3.3   end 语句、stop 语句和 pause 语句

3.3.1   end 语句

end 语句即结束语句。它的作用为:

(1)结束本程序单元的运行。

(2)作为一个程序单元的结束标志,end 语句应写在其所在程序单元的最后一行。

end 语句在主程序中兼有 stop 语句的作用(使程序停止运行),在子程序中兼有 return 语句的功能(控制返回到调用程序)。

3.3.2 stop 语句

stop 语句可在主程序单元、模块单元和外部子程序单元中使用。stop 语句即停止语句,它的功能是随时终止程序运行,返回操作系统控制状态。一个程序单元中可有多个 stop 语句,stop 语句可以向任何可执行语句一样出现在程序任何可执行语句处。

stop 语句的一般格式为:

```
stop[n]
```

其中,n 是一个不超过 5 位数的数字或一个字符串,执行 stop 语句时输出整数或字符串,供程序员辨别程序流程。

除非必要,必要将 stop 命令使用在主程序结束之外的其他地方,因为一个程序如果有太多的终止点会容易出错。stop 命令并不是必要的,因为程序执行完毕会自动终止。

3.3.3 pause 语句

pause 语句即暂停语句,其功能是暂时停止程序运行,而不是结束运行。pause 语句只是让系统把程序暂时"挂起",等待程序员完成其他工作。

一个 pause 语句就是程序中的一个"断点",可根据需要写几个 pause 语句,即将程序根据需要分成几个运行段,便于调试程序。在调试程序时,可用 pause 语句设置一段检查运行程序,从中发现程序中的错误。在调试完成后,一般将 pause 语句删除。

pause 语句一般格式为:

```
pause [n]
```

其中,n 的含义与 stop 语句中的相同。

由于在现在的编译环境中可直接设置"断点",因此 pause 语句一般不再使用。

3.4 程 序 举 例

【例 3-5】 已知三角形的三个边长,请计算三角形的面积。

分析:用 x、y、z 分别表示三角形的三个边长,s 表示三角形的面积。

根据公式 $s=\sqrt{c(c-x)(c-y)(c-z)}$,其中 $c=\dfrac{x+y+z}{2}$

程序编写如下:

```
real x,y,z,c,s
x=3
y=4
z=5
```

```
c=(x+y+z)/2
s=sqrt(c*(c-x)*(c-y)*(c-z))
print*,"三角形的面积为：",s
end
```

程序运行结果如图 3.8 所示。

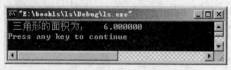

图 3.8 例 3-5 运行结果

【例 3-6】 将两个变量的值互换。

分析：用变量 a 和 b 存放待交换的数据，用临时变量 t 保存其中一个变量，如 a 的值，a＝t，再通过 a＝b 和 b＝t 实现交换。

程序编写如下：

```
integer a,b
read*,a,b
print*,"交换前 A 和 B 的值分别为：","A=",a,"B=",b
t=a
a=b
b=t
print*,"交换后 A 和 B 的值分别为：","A=",a, "B=",b
end
```

程序运行结果如图 3.9 所示。

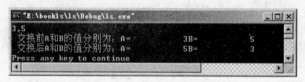

图 3.9 例 3-6 运行结果

注：该程序也可以不用设中间变量 t，直接用 a 和 b 两个变量来完成。

程序修改如下：

```
integer a, b
read*, a, b
print*,"交换前 A 和 B 的值分别为：","A=",a, "B=",b
a=a+b
b=a-b
a=a-b
print*,"交换后 A 和 B 的值分别为：","A=",a, "B=", b
end
```

【例 3-7】 任意输入两个数,求它们的和、差、积、商。

分析:用变量 a 和 b 存储待输入的两个数,用变量 h、c、j、s 分别表示和、差、积、商。

程序编写如下:

```
real a, b, h, c, j, s
read * , a, b
h=a+b
c=a-b
j=a * b
s=a/b
print * , "A,B两数之和为:",h
print * , "A,B两数之差为:",c
print * , "A,B两数之积为:",j
print * , "A,B两数之商为:",s
end
```

程序运行结果如图 3.10 所示。

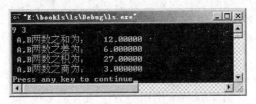

图 3.10　例 3-7 运行结果

注:该程序的计算表达式可直接写在 print 语句中。

程序修改如下:

```
real a, b, h, c, j, s
read * , a, b
print * , "A,B两数之和为:",a+b
print * , "A,B两数之差为:",a-b
print * , "A,B两数之积为:",a * b
print * , "A,B两数之商为:",a/b
end
```

【例 3-8】 输入一个三位整数,输出其每一位位数的平方值,如输入 135,分别输出 5^2、3^2、1^2 值,即输出 25、9、1。

分析:用 n 表示原始输入的三位整数,i、j、k 分别代表其个位、十位、百位数字,在输出语句中直接输出 i、j、k 的平方值。

程序编写如下:

```
integer  n, i, j, k, m
read * , n
print * , "原来的三位整数为:",n
```

```
i=mod(n,10)                    !求 n 的个位数字
j=mod(n/10,10)                 !求 n 的十位数字
k=n/100                        !求 n 的百位数字
print＊,"个位数字的平方是：",i**2
print＊,"十位数字的平方是：",j**2
print＊,"百位数字的平方是：",k**2
end
```

程序运行结果如图 3.11 所示。

图 3.11   例 3-8 运行结果

注：解决该题目的关键问题在于如何表示 n 的各位数字，也可用如下方法计算：

```
k=n/100                        !求 n 的百位数字
j=(n-k＊100)/10                !求 n 的十位数字
i=n-k＊100-j＊10               !求 n 的个位数字
```

各位读者也可以结合数学知识采用别的方法来表示 n 的各位数字，请认真思考。

习　题　3

1. 判断下列赋值语句的正误，如果错误，请说明理由。变量的类型遵循 I-N 规则。

(1) v＝v

(2) x＝2a＋b

(3) m＊n＝4＊a**2－2＊b－a＊a＊c

(4) x＝y＝z＋2.0

(5) i＝. true.

2. 写出执行下列赋值语句后变量中的值。变量的类型遵循 I-N 规则。设 i＝9,j＝3, k＝－4,t＝2.5,x＝6。

(1) l＝i/j＊x   (2) m＝j＊t＋i   (3) y＝1.0＊k/x

(4) z＝j＋k＊t   (5) a＝1/k＊k＋k**2

3. 写出以下程序的运行结果。

(1)   (2)

```
a=12.58
a=(a-.15)＊10
```

```
k=2.5＊2/5＊3/2
write(＊,＊) 9/10, mod(9,10), k
```

```
i=a
a=i
a=a/10
print * ,a
end
```

```
end
```

(3)

```
character * 5 ch1,ch2,ch3 * 10
ch1="easy"
ch2="difficult"
ch3=ch1//ch2
ch1=ch3(6: 9)
ch2=ch3(: 5)
print 10,ch1,ch2,ch3
10 format (3a6)
end
```

(4)

```
complex p,q
real x
x=1.25
q=(1.5,1)
p=cmplx(x,2 * x)+10-x
x=p+q
print * ,x,p
end
```

4. 编写程序解决下面的问题。

(1) 输入一个小写字母,将其转换为大写字母后输出。

(2) 任意输入一个两位数,求其个位数字和十位数字的和为多少? 将个位数字和十位数字互换,得到的新的两位数又是多少?

(3) 已知 $f(x)=x^3+\sin^2 x+\ln(x^4+1)$,输入自变量的值,求函数值。

(4) 某地 2007 年人均收入为 1500 元,求:

① 如果到 2020 年人均收入翻两番,则年平均增长速度为多少?

② 如果年平均增长速度为 3%,几年后人均收入可以翻两番?

第 4 章 选择结构程序设计

教学目标:
- 学会使用 6 个关系运算符和 6 个逻辑运算符。
- 能熟练使用常见的关系表达式和逻辑表达式。
- 熟练掌握逻辑 if 语句的用法。
- 熟练掌握块 if 结构的三种用法。
- 学会灵活使用块 if 结构的嵌套。
- 了解块 case 结构的用法。

选择结构是三种基本结构之一。大多数程序中都会包含选择结构。它的作用是根据所指定的条件是否满足,决定从给定的几组操作选择其中一组执行。

本章主要介绍如何利用逻辑 if 语句、块 if 结构和块 case 结构来实现选择结构程序设计。

4.1 关系运算符和关系表达式

4.1.1 关系运算符

Fortran 95 提供 6 个关系运算符,如表 4.1 所示。

表 4.1 Fortran 95 支持的关系运算符

关系运算符		英语含义	数学意义
字母格式	符号格式		
.lt.	<	less than	小于
.le.	<=	less than or equal to	小于等于
.eq.	==	equal to	等于
.ne.	/=	not equal to	不等于
.gt.	>	greater than	大于
.ge.	>=	greater than or equal to	大于等于

使用关系运算符时注意：

(1) 两种格式可以单独或混合使用。

(2) 使用字母格式时,两边黑点不能省略。

(3) 各关系运算符优先级别相同。

4.1.2 关系表达式

关系运算即"比较运算",关系表达式是最简单的逻辑表达式,一般格式为：

<算术量 1>关系运算符 <算术量 2>

例如,5>3、a<b、a+b>=c-d、'china'>'canada'、mod(m,2). eq. 0 等都是合法的关系表达式。

关系表达式注意事项说明：

(1) 关系表达式中,算术量一般是常量、变量、函数和关系表达式。

(2) 关系表达式的结果是一个逻辑值,即. true. 或. false. 。

逻辑值在内存中用-1(. true.)或 0(. false.)来进行存储,因而从语法而言,逻辑值可以作为关系运算符的算术量,即 6>5>4 是合法的关系表达式。但不主张这样做,因为在 FORTRAN 中,6>5>4 的结果是假,这与数学认知结果不同,易造成错误。实际使用中,一个关系表达式最好只使用一个关系运算符。如果要表示上述 6>5>4 条件,应用逻辑运算符连接,下一节将会介绍。

(3) 关系运算符两边的算术量类型不一致时,将自动进行类型转换,转换原则是低级向高级转换。

(4) 谨慎使用等于或不等于关系运算符来判断实型数据之间的关系。由于实型数据在存储时是用近似值表示的,可能存在误差,因此对于判断两个实型算术量是否相等的问题时,通常采用差值比较方式。如 a. eq. b 可以改写为 $abs(a-b)<1e-6$ 的形式,当 a 与 b 的差值小于某个很小的数(通常取 1E-6)时,可以认为 a 与 b 相等。

(5) 算术运算符的优先级别高于关系运算符。

(6) 算术量是字符串的关系表达式,也是字符关系表达式。字符串比较大小时,遵循以下原则：

① 单个字符进行比较时,以它们对应的 ACSII 码值的大小决定表达式的真假。

例如：

'C'>'B'的值为真

'E'>'e'的值为假

② 两个字符串比较时,将它们的字符从左向右依次比较相应的 ACSII 码值,若前面的字符都相同,则以第一次出现的不同的字符的 ACSII 码值决定真假。

例如,'CHINA'与'CANADA'比较大小时,先比较两字符串的第一个字符'C'的 ASCII 码,由于相同,接着比较第二个字符'H'与'A'的 ASCII 码,'H'的 ASCII 码是 72,而'A'的 ASCII 码是 65,因此'CHINA'>'CANADA'的结果为真。

③ 若两个字符串中字符个数不相等时,则将较短的字符串后面补空格后再比较。

例如,'the'与'there'比较大小时,前面的三个字符完全相同,无法比较出大小,需要在第一个字符后加空格,然后与第二个字符的'r'进行比较,由于空格的 ASCII 码值最小,故 'the'＜'there'的值为真。

【例 4-1】 给出下列关系表达式的值。

关系表达式	运算结果
6＞4	真(T)
3.0＋sqrt(2)＞4.6	假(F)
.false.＝＝0	真(T)
sqrt(3)/＝1.732	真(T)
'this'＜'thin'	假(F)

4.2 逻辑运算符和逻辑表达式

4.2.1 逻辑运算符

逻辑运算符是连接两个逻辑数据的运算符,Fortran 95 提供 6 种逻辑运算符,如表 4.2 所示。

表 4.2 逻辑运算符运算规则说明表

逻辑运算符	名称	逻辑运算举例	运算规则
.and.	逻辑与	a.and.b	交集,当且仅当 a、b 均为真时,逻辑表达式 a.and.b 的值才为真,否则为假
.or.	逻辑或	a.or.b	并集,a 或 b 之一为真,逻辑表达式 a.or.b 的值就为真,否则为假
.not.	逻辑非	.not.a	逻辑值 a 取反,a 为真时,逻辑表达式 not.a 的值为假,a 为假时,逻辑表达式 not.a 的值为真
.eqv.	逻辑等	a.eqv.b	a、b 的逻辑值相同时为真,否则为假
.neqv.	逻辑不等	a.neqv.b	a、b 的逻辑值不同时为真,否则为假
.xor.	逻辑异或	a.xor.b	a、b 的逻辑值不同时为真,否则为假

注：表 4.2 假设 a、b 均为逻辑变量。

为方便理解,表 4.3 列举了当 a 和 b 的逻辑值为不同组合时,各种逻辑运算的结果("真"或"假")。

逻辑运算符的优先级：

.not.

.and.

.or.

.eqv. .neqv. .xor.

表 4.3 不同组合的逻辑运算值

a	b	. not. a	. not. b	a. and. b	a. or. b	a. eqv. b	a. neqv. b	a. xor. b
真	真	假	假	真	真	真	假	假
真	假	假	真	假	真	假	真	真
假	真	真	假	假	真	假	真	真
假	假	真	真	假	假	真	假	假

4.2.2　逻辑表达式

逻辑表达式是由逻辑运算符对逻辑量进行运算的表达式,一般格式为:

<逻辑量 1>逻辑运算符 <逻辑量 2>

Fortran 95 提供的逻辑量可以是逻辑常量、逻辑变量和逻辑表达式(包含关系表达式)

例如,. true. and. true.、a. or. b、(2>1). and. (3<4)、. not. (. true.. and.. false.)等都是合法的逻辑表达式。

逻辑运算符的优先级别低于算术运算符和关系运算符,在混合表达式的计算中,运算次序为:先括号,后算术,再关系,最后逻辑。

【例 4-2】 设 a=4.2,b=5,c=3.5,d=1.0。指出表达式 a>=0.0. and. a+c>b+d. or.. not.. true. 的运算次序和最后的结果。

解:该表达式是混合表达式,按以下次序进行计算。

(1) a+c 的值是 7.7。

(2) b+d 的值是 6.0。

(3) a>=0 的值是. true.。

(4) a+c>b+d,即 7.7>6.0 的值是. true.。

(5). not.. true. 的值是. false.。

(6) a>=0.0. and. a+c>b+d,即. true.. and.. true. 的值是. true.。

(7) a>=0.0. and. a+c>b+d. or.. not.. true.,即. true.. or.. false. 的值是. true.。

合理使用逻辑表达式能够用简单的形式描述复杂的判定条件,从而简化程序语句书写。

4.3　逻辑 if 语句

逻辑 if 语句是用来实现最简单的选择结构的语句,一般格式为:

if(表达式 e)可执行语句 s

逻辑 if 语句的执行过程是：先计算表达式 e 的值，当表达式 e 的值为真时，执行可执行语句 s，s 执行后，终止该逻辑 if 语句，继续执行逻辑 if 语句后面的其他操作；若表达式 e 的值为假，则终止该逻辑 if 语句，不执行其后可执行语句 s 而直接执行逻辑 if 语句下面的其他操作。图 4.1 描述了逻辑 if 语句的执行过程。

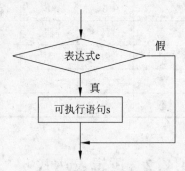

图 4.1　逻辑 if 语句执行过程

使用逻辑 if 语句时注意：

(1) 逻辑 if 语句中的可执行语句 s 只能是一条语句。它可以是赋值语句、输入输出语句、stop 等语句，但不能是 end 语句，其他逻辑 if 语句、do 语句、块 if 语句、else if 语句、else 语句、end if 语句和非执行语句。

(2) 表达式 e 的结果必须是一个逻辑值，因此表达式 e 一般是一个关系表达式或逻辑表达式，但也可以是一个整型常量。编译系统将非零整型常量当作 .true.，将零当做 .false.。

【例 4-3】　输入两个整型数到 a、b 变量，判断如果 a>b 成立，输出 a-b 的值，否则结束。
程序编写如下：

```
integer a,b
read *,a,b
if(a>b) print *,a-b
end
```

程序运行如下：

(1) 输入 a=5，b=3 时，结果如图 4.2 所示。
(2) 输入 a=3，b=5 时，结果如图 4.3 所示。

图 4.2　例 4-3 运行结果一

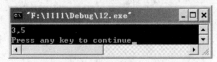

图 4.3　例 4-3 运行结果二

由上面的计算结果可以看到，当 a>b 为假时，则不执行语句 "print *,a-b"。

【例 4-4】　已知三个整数 a、b、c，试编写程序输出它们的最大值。
流程如图 4.4 所示。
程序编写如下：

```
integer  a,b,c,max
print *,"请输入三个整数"
read *,a,b,c
max=a
if(b>max) max=b
if(c>max) max=c
```

```
print * , max
end
```

程序运行结果如图 4.5 所示。

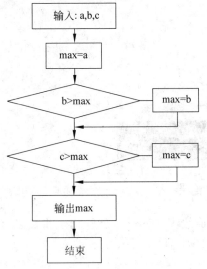

图 4.4　三个数找最大值的流程图.

图 4.5　例 4-4 运行结果

4.4　块 if 结构

逻辑 if 语句的可执行语句只有一个,难以描述复杂的操作,块 if 结构则可以方便地实现此类选择结构。块 if 选择结构分单分支、双分支和多分支三种情况。

4.4.1　单分支选择块 if 结构

一般格式为:

```
if(表达式 e)then
    〈then 语句体〉
endif
```

如果表达式 e 的值为真,则执行 then 语句体,否则什么都不做。

单分支选择结构的流程如图 4.6 所示。

注意:then 语句体中可以包含一条或多条可执行语句。

【**例 4-5**】　用单分支选择块 if 结构实现例 4-3。

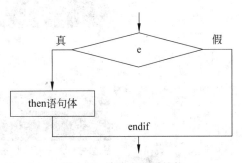

图 4.6　单分支选择结构

程序编写如下：

```
integer a,b
read *,a,b
if(a>b) then
  print *,a-b
endif
end
```

程序运行结果如图 4.7 所示。

图 4.7　例 4-5 运行结果

【例 4-6】　输入学生姓名和计算机成绩，如果成绩大于 60 分，就输出学生姓名、计算机成绩和等级合格。

程序编写如下：

```
real score
character * 8,name
print *,'请输入学生姓名和计算机成绩'
read *, name,score
if(score >60.0)then
  print *, name,'的计算机成绩是',score
  print *,'等级成绩：合格'
endif
end
```

程序运行结果如图 4.8 所示。

如果输入的成绩小于 60 分，则程序运行结果如图 4.9 所示。

图 4.8　例 4-6 运行结果一

图 4.9　例 4-6 运行结果二

4.4.2 双分支选择块 if 结构

一般格式如下：

```
if(表达式e)then
   〈then语句体〉
else
   〈else语句体〉
endif
```

如果表达式 e 的值为真，执行 then 语句体，否则执行 else 语句体。

双分支选择结构的流程如图 4.10 所示。

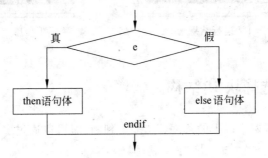

图 4.10 双分支选择结构的流程

注意：then 语句体和 else 语句体都可以包含一条或多条可执行语句。

【例 4-7】 小学算术减法运算，输入两个整型数到 a、b 变量，判断条件 a＞b 是否成立，如果成立执行 a－b；否则执行 b－a，输出计算结果。

程序编写如下：

```
integer a,b,c
print * ,'请输入任意两个整数'
read * , a,b
if(a>b)then
  c=a-b
else
  c=b-a
endif
print * ,"两数之差为：",c
end
```

程序运行结果如图 4.11 所示。

【例 4-8】 输入一个整数，判断它是奇数还是偶数。

程序编写如下：

```
integer num
```

```
print * ,'请输入任意一个整数'
read * , num
if(mod(num,2)==0)then
    print * , num,"是一个偶数"
else
    print * , num,"是一个奇数"
endif
end
```

程序运行结果如图 4.12 所示。

图 4.11　例 4-7 运行结果　　　　　　图 4.12　例 4-8 运行结果

4.4.3　多分支选择块 if 结构

当需要判断两个或两个以上的条件,即"多重判断"时可以通过多分支块 if 选择结构来实现。

一般格式如下:

```
if(表达式 e1)then
    〈then 语句体 1〉
else if(表达式 e2)then
    〈then 语句体 2〉
else if(表达式 e3)then
    〈then 语句体 3〉
    ⋮
else if(表达式 en)then
    〈then 语句体 n〉
else
    〈else 语句体〉
endif
```

多分支选择块 if 结构的执行过程是:先计算表达式 e1 的值,当表达式 e1 的值为真时,执行 then 语句体 1,执行完后跳到 endif 语句结束块 if 结构;当表达式 e1 的值为假时,计算表达式 e2 的值,当其值为真时,执行 then 语句体 2,执行完后跳到 endif 语句结束块 if 结构;否则接着判断表达式 e3 的真假。如此不断重复,直到最后一个条件为真时执行最后一个 then 语句体,否则执行唯一的一个 else 语句体并结束块 if 结构。

【例 4-9】　某电视台晚上 9 点节目安排如下:

星期一、四:卡通片

星期二、五：电视剧

星期三、六：文艺综艺节目

星期日：周日影院

编程实现：当输入星期几时，可查询输出当天晚上的节目。

分析：为简单起见，用整型数 1～7 代表星期一到星期日。

程序编写如下：

```
integer week
print *,"请输入查询数字1-7,对应查询每日节目："
read *,week
if(week==1.or.week==4) then
  print *,"今日节目为：卡通片。"
else if(week==2.or.week==5) then
  print *,"今日节目为：电视剧。"
else if(week==3.or.week==6) then
  print *,"今日节目为：文艺综艺节目。"
else if(week==7) then
  print *,"今日节目为：周日影院。"
else
  print *,"输入查询数字有误！"
endif
end
```

程序运行结果如图 4.13 所示。

图 4.13　例 4-9 运行结果

使用块 if 结构的说明：

（1）双分支选择块 if 结构是块 if 结构的基本结构，一个基本块 if 结构由 if 语句、then 语句体、else 语句、else 语句体和 end if 语句组成。if 语句、else 语句和 end if 语句都要单独占一行。

（2）单分支块 if 结构缺少 then 语句体或 else 语句、else 语句体；多分支块 if 结构则比基本块 if 结构多 else if 语句。不管是哪一种块 if 结构，if 语句和 end if 语句都必不可少，如果有 else 语句，else 语句和 else 语句体都只能有一个。

（3）if 语句行代表块 if 结构的开始，end if 语句表示块 if 结构的结束。块 if 结构的 then 语句体和 else 语句体一般由多个可执行语句组成，它们也可以是一个块 if 结构，这就是下一节要阐述的块 if 结构的嵌套。

4.5　块 if 结构的嵌套

一个块 IF 结构中又完整地包含另一个或多个块 if 结构称为块 if 结构的嵌套。一般格式为：

```
if(…) then
    if(…) then
        if(…) then
            ⋮
        else if(…) then
            ⋮
        else
            ⋮
        endif
    endif
else
    if(…) then
        ⋮
    else
        ⋮
    endif
endif
```

使用嵌套的块 if 结构时应注意：

（1）在嵌套的块 if 结构中，内层的块 if 结构不能和外层的块 if 结构相互交叉，只能是包含与被包含关系。

为了使程序清晰，一般在书写时应将每一个内嵌的块 if 结构向右缩进几格，同一层块 if 结构的 if 语句、else 语句和 end if 语句列对齐。

（2）流程不允许从块 if 结构外控制转移到块 if 结构内的任何位置。

【例 4-10】　输入学生成绩，按下列条件判断成绩等级：80～100 分的为"A"，70～79 分为"B"，60～69 分为"C"，小于 60 分为"D"。

程序编写如下：

```
read * , grade
if(grade>=60) then
    if(grade>=70) then
        if(grade>=80) then
          print * ,"A"
        else
          print * ,"B"
        endif
```

```
    else
        print * ,"C"
    endif
else
    print * ,"D"
endif
end
```

程序运行结果如图 4.14 所示。

图 4.14 例 4-10 运行结果

用多层块 if 结构嵌套编写程序比较复杂,可以通过改变判断条件、使用多分支选择结构、改变算法等尽可能减少使用块 if 结构嵌套的层次。

4.6 块 case 结构

写程序时,有时会使用"多重判断",前面已经学习过使用块 if 结构来完成"多重判断"的方法,现在来学习用另一个在语法上更简洁的方法——块 case 结构来做这个工作。

块 case 结构与多分支选择块 if 结构非常类似,它可以根据表达式的计算结果,从多个分支中选择一个分支执行。

块 case 结构的一般格式为:

```
select case(表达式 e)
case(数值 1)
    语句体 1
case(数值 2)
    语句体 2
  ⋮
case(数值 n)
  语句体 n
case default
  语句体 n+1
end select
```

块 case 结构的执行过程:首先计算 select case 语句中表达式 e 的值 m,接着依次从各数值中寻找 m,如果找到 m 属于数值 i(n≥i≥1),则执行语句体 i,并结束块 case 结构;若在所有数值内都找不到与 m 相等的常量值,则执行 case default 下面的语句体 n+1,然后结束块 case 结构。

【例 4-11】 用 select case 结构实现例 4-9。

程序编写如下：

```
integer week
print *,"请输入查询数字 1-7,对应查询每日节目："
read *,week
select case(week)
case (1,4)
  print *,"今日节目为：卡通片。"
case (2,5)
  print *,"今日节目为：电视剧。"
case (3,6)
  print *,"今日节目为：文艺综艺节目。"
case (7)
  print *,"今日节目为：周日影院。"
case default
  print *,"输入查询数字有误！"
end select
end
```

程序运行结果如图 4.15 所示。

图 4.15 例 4-11 运行结果

使用块 case 结构取代某些多分支块 if 结构实现多重判断,会让程序看起来简单,但是使用 case 结构有限制,并不是所有的多分支块 if 选择结构都能用其来取代。

块 case 结构说明：

(1) 块 case 结构从 select case 语句开始,到 end select 语句结束。

(2) select case 语句中的表达式 e 只能是整型、字符型及逻辑型。

(3) 每个 case 语句中所使用的数值必须是固定的常量,类型要与表达式 e 的类型一致,不能使用变量。

(4) 数值可以是一个常量值,如 5;也可以是用逗号","间隔的几个常量值,如 1,5,8 (共 3 个值);还可采用冒号":"分隔表示的常量值的区间,如 1：5(表示 1,2,3,4,5 共 5 个值)。

(5) 各 case 语句中所使用的数值不能有相同的部分,即块 case 结构中表达式 e 的值只能与一个 case 语句中的某个常量值相等。

(6) case default 以及其后的语句体 n+1 可有可无,如果没有,在前面所有 case 中数

程序设计基础——Fortran 95

值都与表达式 e 的值不相等的情况下,不执行任何操作。

【例 4-12】 输入两个算术量和算术运算符,输出运算结果。

程序编写如下:

```
integer a,b,c
character * 2 oper
print * ,'请输入两个非零整数和一个算术运算符'
read * ,a,b,oper
select case(oper)
 case('+')
    c=a+b
 case('-')
    c=a-b
 case('*')
    c=a*b
 case('\')
    c=a/b
 case('**')
    c=a**b
 case default
  write( * ,'("输入运算符不正确")')
 end select
 print * ,a,oper,b,'=',c
 end
```

程序运行结果如图 4.16 所示。

图 4.16 例 4-12 运行结果

4.7 程 序 举 例

【例 4-13】 给定一学生成绩 s,评判该学生等级,输出结果。假定成绩划分如下:

优:$95 \leqslant s \leqslant 100$;良:$80 \leqslant s < 95$;中:$70 \leqslant s < 80$;及格:$60 \leqslant s < 70$;不及格:$s < 60$

分析:为简单起见,假定学生成绩为整数,用整型变量来处理。解决该问题的算法如图 4.17 所示。同一个问题可以用多种选择结构来实现。这里分别采用逻辑 if 语句、块 if 结构、块 if 结构嵌套和块 case 结构编写程序,并对它们进行比较。

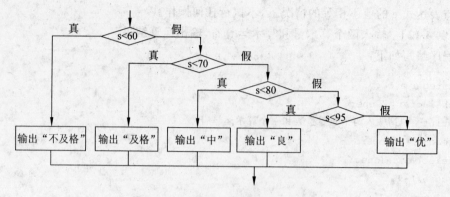

图 4.17　评定学生成绩等级的流程图

程序 1,采用逻辑 if 语句实现:

```
integer s
print * ,"输入学生成绩: "
read * ,s
if (s<60)  print * ,"该学生成绩为: 不及格。"
if (s>=60 .and. s<70)  print * ,"该学生成绩为: 及格。"
if (s>=70 .and. s<80)  print * ,"该学生成绩为: 中。"
if (s>=80 .and. s<95)  print * ,"该学生成绩为: 良。"
if (s>=95)  print * ,'该学生成绩为: 优。'
end
```

程序 2,采用多分支块 if 结构实现:

```
integer s
print * ,"输入学生成绩: "
read * ,s
if (s<60)  then
    print * ,"该学生成绩为: 不及格。"
 else if (s<70)  then
    print * ,"该学生成绩为: 及格。"
 else if (s<80)  then
    print * ,"该学生成绩为: 中。"
 else if (s<95)  then
    print * ,"该学生成绩为: 良。"
 else
    print * ,'该学生成绩为: 优。'
endif
end
```

程序 3,采用块 if 结构的嵌套实现:

```
integer s
```

```
print * ,"输入学生成绩："
read * ,s
if (s<60)  then
    print * ,"该学生成绩为：不及格。"
else
    if (s<70)  then
  print * ,"该学生成绩为：不及格。"
else
    if (s<80)  then
      print * ,"该学生成绩为：中。"
    else
        if (s<95)  then
          print * ,"该学生成绩为：良。"
        else
          print * ,'该学生成绩为：优。'
        end if
    end if
  end if
end if
end
```

程序 4,采用块 case 结构来实现：

```
integer s
print * ,"输入学生成绩："
read * ,s
select case(s)
case(0: 59)
    print * ,"该学生成绩为：不及格。"
case(60: 69)
    print * ,"该学生成绩为：不及格。"
case(70: 79)
    print * ,"该学生成绩为：中。"
case(80: 89)
    print * ,"该学生成绩为：良。"
case(95: 100)
    print * ,'该学生成绩为：优。'
end select
end
```

以上四个程序中,程序 1 采用了并列的 5 个逻辑 if 语句,程序短小简单,可读性高,缺点是由于需要执行每个逻辑表达式,所以运行效率低。

程序 3 采用块 if 结构嵌套,运行时,只需计算关系表达式的值,运行效率较高,但程序结构臃肿杂乱。

程序 2 和程序 4 运行效率高,且结构层次明晰、简洁,是设计程序的首选。

【例 4-14】 计算下面分段函数的值，编写程序实现。

$$y = \begin{cases} e^{2\sqrt{|x|}} + \cos x, & x < 0 \quad (1) \\ 2, & x = 0 \quad (2) \\ \dfrac{x}{\sqrt{1+x^2}}, & x > 0 \quad (3) \end{cases}$$

分析：对于分段函数的计算，首先要判断其自变量的取值范围，根据自变量不同的取值范围来确定执行哪一个计算公式，计算 y 的值。该类问题求解算法比较简单，使用选择结构实现。

程序编写如下：

```
real x,y
print *,"请输入 x 的值："
read *,x
if(x<0) then
  y=exp(2*sqrt(abs(x)))+cos(x)
else if(x==0) then
  y=2
else
  y=x/sqrt(1+x**2)
end if
print *,'y=',y
end
```

程序运行结果如图 4.18 所示。

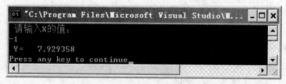

图 4.18　例 4-14 运行结果

【例 4-15】 输入三角形三条边长 a、b、c，先判断是否构成三角形，若能构成三角形则计算三角形三个角 α、β、γ。编写程序实现。

分析：定义三个实型变量用来存放三角形的三个边，按照三角形的组成规则"任意两边之和大于第三边"建立逻辑表达式：a+b>c.and.a+c>b.and.b+c>a。采用反余弦函数计算角度值。

程序编写如下：

```
real :: a,b,c,alfa,beta,gama,x,y,z
print *,'请输入三角形三条边的值：'
read *,a,b,c
if(a+b>c.and.b+c>a.and.c+a>b)then
  x=(b**2+c**2-a**2)/(2*b*c)
```

```
y=(a**2+c**2-b**2)/(2*a*c)
z=(a**2+b**2-c**2)/(2*a*b)
alfa=acosd(x)
beta=acosd(y)
gama=acosd(z)
print*,'角a=',alfa
print*,'角b=',beta
print*,'角c=',gama
else
  print*,"不构成三角形!"
end if
end
```

程序运行结果如图4.19所示。

图4.19 例4-15运行结果

【例4-16】 输入任意三个实数a、b、c,按从小到大的顺序输出。

分析:这是一个简单的排序问题,采用交换算法进行编程。即若a>b,则a、b发生互换,若a>c,则a、c发生互换,这样a就是a、b、c中的最小者;若b>c,则b、c发生互换,这样b就是b、c中的最小者。按a、b、c顺序打印即可得到从小到大的顺序输出。

程序编写如下:

```
real a,b,c,t
print*,'输入任意三个实数给a,b,c'
read*,a,b,c
if(a>b)then
  t=a
  a=b
  b=t
endif
if(a>c)then
  t=a
  a=c
  c=t
endif
if(b>c)then
  t=b
  b=c
  c=t
```

```
endif
print *,'输入的三个实数按从小到大是：',a,b,c
end
```

程序运行结果如图 4.20 所示。

图 4.20 例 4-16 运行结果

习 题 4

1. 阅读下列程序,给出运行结果。

(1)

```
read *,n
x=1.0
if(n>=0) x=2*x
if(n>=5) x=2*x+1.0
if(n>15) x=3*x-1.0
print *,x
end
```

如果从键盘输入 15,请输出程序运行结果。

(2)

```
read *,a
if(a.ge.3.5)then
  y=3.0
else
    if(a.ge.4.5)then
      y=4.5
    else
      y=4.0
    endif
endif
print *,y
end
```

如果从键盘输入 5.0,请输出程序运行结果。

程序设计基础——Fortran 95

(3)

```fortran
logical p,q
read * , x,y
p=(x.ge.0.0).and.(y.ge.0.0)
q=x+y>7.5.and.(y>=0.0)
p=.false.
if(.not.p.and.q)then
  z=0.0
else if(.not.q) then
 z=0.0
else if(p) then
 z=2.0
else
 z=3.0
endif
print * , z
end
```

如果从键盘输入 3.5,4.5,请输出程序运行结果。

(4)

```fortran
character a,c
read * ,a
select case(a)
case('a': 'z')
    c=char(ichar(a)-32)
case('A': 'Z')
    c=char(ichar(a)+32)
case default
    c=a
end select
print * ,a,c
end
```

如果从键盘输入 e,请输出程序运行结果。

2. 填空题

(1) 下面的程序是判断任意两个整数能否同时被 5 整除,若能,则输出"YES",否则输出"NO",请填空。

```fortran
integer m,n
read(*,*) m,n
if(_____) then
    print * ,'YES'
else
   print * ,'NO'
```

```
end
```

（2）下面的程序判断一个三位的整型数是否满足其各位数字之和等于10。如果满足条件，则输出"YES"，否则不进行任何操作。

```
integer m,i,j,k
read * ,m
i=m/100
j=_____
k=_____
if(_____) print * ,'YES'
end
```

3. 计算职工工资，工人每周工作 40 小时，超过 40 小时的部分应该按加班工资计算（为正常工资的 2 倍），输入工作时间和单位报酬，计算出该职工应得的工资，并输出。（假定基本工资为：10 元/每小时）

4. 有一函数：

$$y = \begin{cases} 3x-1, & 0 \leqslant x < 1 \\ 2x+5, & 1 \leqslant x < 2 \\ x+7, & 2 \leqslant x < 3 \\ 0, & \text{其他} \end{cases}$$

请编写程序，输入 x，输出 y 值。

5. 从键盘输入三个整数，输出其中最大的数。

6. 假定个人所得税有三个等级，且随年龄不同有不同算法：

第 1 类：不满 50 岁

月收入在 2000 元以下的税率为 5％，在 2000～8000 元之间的税率为 10％，在 8000 元以上的税率为 15％。

第 2 类：50 岁以上

月收入在 2000 元以下的税率为 3％，在 2000～8000 元之间的税率为 7％，在 8000 元以上的税率为 10％。

请编写程序，输入某人的年龄和年收入，计算他（她）一年所应缴纳的税金是多少。

第 5 章 循环结构程序设计

教学目标：

- 了解循环的概念。
- 掌握 do 循环结构的用法。
- 掌握 do while 循环结构的用法。
- 了解循环的控制语句 exit 和 cycle 的用法。
- 掌握循环的嵌套的用法。
- 掌握循环结构程序设计方法。

在实际应用中，经常会遇到一些操作并不复杂，但在一定的条件下需要反复多次操作处理的问题，例如，要输入某班 100 个学生的五门课的成绩并求每个学生的总分。对于这类问题，在程序设计中，需要反复执行同一种操作，如果用顺序结构的程序来处理，将十分烦琐，有时可能难以实现，而使用循环结构就可以很简便地实现。循环的作用就是用来自动重复执行某一个操作。善用循环可以使程序变得很精简，可以提高编程效率。

本章主要介绍如何利用 do 循环结构和 do while 循环结构来实现循环。

5.1　do 循环结构

先来看一个实例程序。假如我们要说 10 次 hello，如果用前面学过的顺序结构的方法来编写程序，则需要连续用 10 个 print 语句来显示 10 行 hello。而使用循环就会非常简单。

【例 5-1】　显示 10 行 hello。

程序编写如下：

```
do i=1,10, 1
    print * ,"HELLO!",i,"次"
enddo
end
```

程序运行结果如图 5.1 所示。

分析：这类题目是已知重复次数的问题，对于这类问题采用 do 循环结构就可以轻松实现 print 语句的 10 次甚至是 100 次的重复

图 5.1　例 5-1 运行结果

操作。

下面详细讨论 do 循环结构。

5.1.1　do 循环结构的组成

do 循环结构用来实现循环次数确定的循环。

do 循环结构的一般格式为：

do 循环变量 v=初值 e1,终值 e2,[步长 e3]
　　循环体
end do

其中：循环变量 v 可以是整型或实型变量；初值 e1、终值 e2、步长 e3 可以是常量、已赋值的变量或表达式，步长 e3 的值可以为正数也可以为负数，但是不能为 0。当步长 e3 为 1时，常省略。

说明：

（1）do 循环结构由三部分组成：do 语句、循环体和 enddo 语句。

（2）do 语句是 do 循环结构的起始语句，给出控制循环执行的循环变量的初值、终值和步长。

（3）循环体是 do 循环结构的主体，是在循环过程中被重复执行的语句组。

（4）enddo 语句是 do 循环结构的终端语句，表明本次的循环体执行到此结束，后又转到 do 语句继续执行循环结构。

（5）循环次数 r 的计算公式为 r＝int((e2－e1＋e3)/e3)，r＞0 循环执行，r≤0，循环无意义，一次也不执行。

以下都是合法的 do 循环结构：

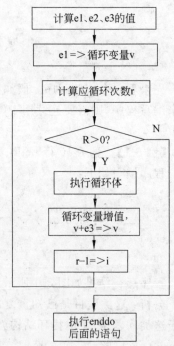

图 5.2　do 循环结构的执行过程

(1)	(2)	(3)
do i=1,10,2	do n=1,5	a=2.5;b=3.0
s=s+i	f=f*n	do t=1,a+b,2.0
end do	end do	print *,t
		end do

5.1.2　do 循环结构的执行过程

do 循环结构的执行过程如图 5.2 所示。

执行步骤如下：

（1）计算 e1、e2、e3 各表达式的值，并将它们转换成循环变量 v 的类型。

（2）将初值 e1 赋予循环变量 v。

（3）计算循环次数 r。

（4）r＞0 时，执行循环体，第一次执行循环体时，v＝e1，以后每执行一次循环体，v 的值要增加一个步长 e3，每执行一次循环体，循环次数 r 减少一次。

（5）当循环次数 r≤0，则跳过循环体，结束循环，执行 enddo 语句下面的第一个可执行语句。

例 5-2 在每次循环中除了显示 hello 外，还显示了循环变量 i 的值。可以看出循环变量每经过一次循环，数值就会累加上增值 1。执行到第 10 次循环时 i＝10，进行第 11 次循环前 i 累加变成 11，这时 i＜＝10 的条件不成立，循环也就不再执行下去。

说明：

（1）循环变量在循环体中只能引用，不能再去改变它的值，否则将产生语法错误。例如下列程序：

```
do m=1,10
    n=m**3+6                    !对循环变量引用
    m=n**2                      !改变循环变量的值，在编译时会发现错误
end do
```

在编译时会出现错误。错误提示"Error：an Assignment to a DO variable within a DO body is invalid."。

（2）循环结束后，循环变量的值有意义，其值为最后一次执行完循环体增加一个步长后得到的值。例如：

```
k=0
do  i=1,5,2
    k=i
enddo
print *,k,i
end
```

图 5.3　循环变量变化示例运行结果

程序运行结果如图 5.3 所示。

分析：print 中 k 值为最后一次执行循环体时的 i 值，即最后一次执行的 i 值为 5，，print 中 i 值则为退出循环后循环变量的值，即最后一次执行完循环体增加了一个步长 2 后所得到的值，为 7。

为使读者对 do 循环结构有更深的认识，下面来学习几道例题。

【例 5-2】　计算 5！，并输出。

分析：5！＝1×2×3×4×5。

对于 n！的问题，计算公式是 $n！＝1×2×3×\cdots×(n-1)×n$。

显然这是一个重复计算问题，需做 $n-1$ 次乘法运算。用 do 循环结构实现。

程序编写如下：

```
parameter(n=5)
```

```
integer factor
factor=1
do i=1,n
    factor=factor * i
end do
print * , '5!=',factor
end
```

图 5.4 例 5-2 运行结果

程序运行结果如图 5.4 所示。

实际上 do 循环结构可以很方便地解决累乘或累加的问题。大家不妨自己解决以下问题：

$$1+2+3+\cdots+100$$

$$\frac{1}{2}+\frac{1}{4}+\frac{1}{6}+\cdots+\frac{1}{100}$$

【例 5-3】 编写程序输出 100～999 之间的所有"水仙花数"。

分析："水仙花数"是指任何一个数各位数字的立方和等于该数本身。从这个条件出发，再对 100～999 之间的数——验证是否符合这个条件就可以了。很明显，这是一个循环次数确定的循环，可以用 do 循环结构编写程序。

程序编写如下：

```
integer n,nb,ns,ng
do n=100,999
    nb=n/100
    ns=mod(n/10,10)
    ng=mod(n,10)
    if(nb**3+ns**3+ng**3==n) print * ,n,'是水仙花数'
enddo
end
```

程序运行结果如图 5.5 所示。

图 5.5 例 5-3 运行结果

【例 5-4】 输入某班 50 位同学一门课程的成绩，并统计各分数段人数。

分数段划分为：90～100 分

80～89 分

70～79 分

60～69 分

60 分以下

分析：本程序可用 do 循环结构来编写，采用边输入边判断的方式进行统计各分数段人数。

程序编写如下：

```
integer n,n90,n80,n70,n60,ns60,g
n90=0
n80=0
n70=0
n60=0
ns60=0
do n=1,50
    read *,g
    if(g>=90.and.g<100)    n90=n90+1
    if(g>=80.and.g<90)    n80=n80+1
    if(g>=70.and.g<80)    n70=n70+1
    if(g>=60.and.g<70)    n60=n60+1
    if(g<60)    ns60=ns60+1
enddo
print *,"分数段 90-100 之间的学生数为",n90
print *,"分数段 80-89 之间的学生数为",n80
print *,"分数段 70-79 之间的学生数为",n70
print *,"分数段 60-69 之间的学生数为",n60
print *,"分数段<60 之间的学生数为",ns60
end
```

5.1.3 do 循环结构嵌套

一个 do 循环结构中又完整地包含另一个或多个 do 循环结构称为 do 循环结构嵌套。通常，把处在外层的循环结构称为外循环，处在内层的循环结构称为内循环。由于循环结构可以多层嵌套（也称多重循环），所以，内循环和外循环是相对的。嵌套的循环层数原则上不限，但不宜太多。如果有 n 重循环，且从外到内循环次数分别为 $r_1,r_2,\cdots,r_n$，则最内层循环结构中循环体的执行次数为：

$$r_1 \times r_2 \times \cdots \times r_n$$

【例 5-5】 观察循环嵌套的执行情况和循环变量的变化情况。

程序编写如下：

```
integer i, j
do i=1,3
  do j=1,3
      print *, i,j
  enddo
  print *,"下一次循环"
```

```
enddo
end
```

分析：程序中，i 是外循环变量，j 是内循环变量，每执行一次内循环，就会把循环变量 i、j 的值显示出来，每执行完一次外层循环会显示"下一次循环"。程序运行结果如图 5.6 所示。

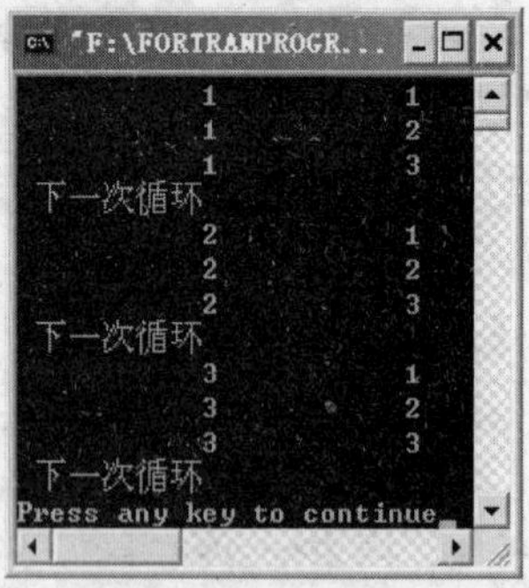

由程序运行结果可以看到，在嵌套循环中，每当外循环要进行下一次新的执行时，所有的内循环都要全部重新重复执行所设置的循环次数。以本例来说，外循环会执行 3 次，每执行一次都会令内循环执行 3 次，因此内循环总共会重复执行 $3 \times 3 = 9$ 次。

【例 5-6】 求 $\sum_{i=1}^{n} n!$，n 的值通过键盘输入。

图 5.6 例 5-5 运行结果

分析：从整体上看这仍然是累加求和的问题，需要重复进行求和运算，运算的次数是可以确定的，而累加的每一项是阶乘值，又属于累乘的问题，因此可用循环嵌套的方法解决。

程序编写如下：

```
integer :: i,j,f,sum
sum=0
read * ,n
do i=1,n
  f=1
  do j=1,i
    f=f*j
  enddo
  sum=sum+f
enddo
print * ,'自然数的阶乘和=', sum
end
```

程序运行结果如图 5.7 所示。

图 5.7 例 5-6 运行结果

5.1.4 隐含 do 循环结构

通过前面的例题我们不难看出：利用一般格式的 do 循环结构或 do 循环结构嵌套进行输入或输出时，由于每次都要重新调用执行输入或输出语句，因此每行只能输入或输出一次执行的结果,见例 5-8。

【例 5-7】 打印数字 1～10 中所有的奇数。

利用 do 循环结构可编写程序如下:

```
do i=1,10,2
   print * ,i
end do
end
```

图 5.8　例 5-7 运行结果

程序运行结果如图 5.8 所示。

分析:对于此类问题,如果计算结果较多,就会分多屏显示,查看时会非常不方便。这时就迫切需要新的方法来改变具有一定规律的一系列数据的输入或输出方式。

利用隐含 do 循环结构就可以很方便地实现对数据输入和输出方式的控制。

隐含 do 循环结构是 do 循环结构的一种特殊表现形式,它一般只出现在输入或输出语句中。

1. 隐含 do 循环结构

隐含 do 循环结构的一般格式:

```
print * ,(w,v=e1,e2[,e3])
```



```
read * ,(w,v=e1,e2[,e3])
```

说明:

(1) v 为循环变量,用来控制循环次数。e1、e2 和 e3 为表达式,分别表示循环变量 v 的初值、终值及步长。

(2) w 为输入或输出项列表,输入或输出项的数目可根据需要自行设定。它表示要输出的内容,可以是常量也可以是包含循环变量的表达式,输入、输出元素的个数由循环次数决定。

(3) 循环次数计算方法、循环执行的过程、使用该种循环应注意的事项等与一般格式的 do 循环结构完全一样。

【例 5-8】 用隐含 do 循环实现例 5-8,程序可改为:

```
print * ,(i,i=1,10,2)
end
```

程序运行结果如图 5.9 所示。

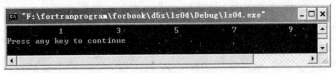

图 5.9　例 5-8 运行结果

下面通过一个例题，进一步理解隐含 do 循环结构对输出方式的控制。

【例 5-9】 打印九九乘法表。

$$1 * 1 = 1$$
$$1 * 2 = 2 \qquad 2 * 2 = 4$$
$$1 * 3 = 3 \qquad 2 * 3 = 6 \qquad 3 * 3 = 9$$
$$\vdots$$

分析：很明显，程序中需要用到两个变量 i 和 j 来分别表示乘数和被乘数，这两个变量都很有规律，解决此类问题可以用二重嵌套的 do 循环结构。另外，程序中可使用 Format 语句来控制输出数据的格式，FORTRAN 语句中的＜i＞为可变重复系数，其值可根据循环变量发生变化，需要注意的是，用变量做重复系数时一对"＜ ＞"不可省略。

程序编写如下：

```
integer i,j
do i=1,9
    print 10,(j,' * ',i,'=',i*j, j=1,i )
end do
10 format(<i>(i1,a,i1,a,i2,2x))
end
```

程序运行结果如图 5.10 所示。

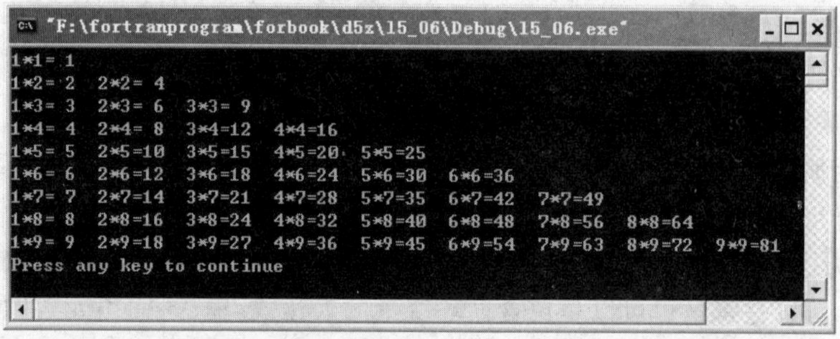

图 5.10 例 5-9 运行结果

2. 隐含 do 循环结构的嵌套

与 do 循环结构的嵌套一样，隐含 do 循环结构也可以有嵌套，而且同样可以出现多重嵌套。其嵌套是以括号划分的，内层括号称为内循环，外层括号称为外循环。

隐含 do 循环结构的嵌套一般格式为：

```
print *,(( w,v1=e1,e2[,e3]),v2=e1,e2[,e3])
```

或

```
read *,(( w,v1=e1,e2[,e3]),v2=e1,e2[,e3])
```

说明：

（1）v2 为外循环的循环变量，用来控制外循环次数；v1 为内循环的循环变量，用来控制内循环次数。e1、e2 和 e3 为表达式，分别表示循环变量 v2 和 v1 的初值、终值及步长。内循环体实际执行的次数为内、外循环各自可以执行的次数之积。

（2）不论循环嵌套的次数如何，都只能用小括号，且括号一定要成对出现，不允许出现其他括号形式。

【例 5-10】 用隐含 do 循环结构的嵌套打印"ab"六次。

程序编写如下：

```
print * ,(('a','b',i=1,3),j=1,2)
end
```

程序运行结果如图 5.11 所示。

图 5.11　例 5-10 运行结果

程序中 i 为内层循环变量，j 为外层循环变量，内层循环次数为 3 次，外层循环次数为 2 次，所以输出项字符 a 和 b 共显示 2×3＝6 次。

3. 隐含 do 循环结构及 do 循环结构嵌套的应用

利用隐含循环不但可以改变输入输出的方式、数组元素输入输出的先后顺序（详见第 6 章），而且可以打印具有一定变化规律的图形，这类问题中通常要配套使用 Format 语句来对数据进行格式输出。

【例 5-11】 打印以下由数字组成的图形。

1

12

123

1234

12345

分析：利用循环结构实现输出图形的功能重要的是先观察图形的形状，然后再看图形中字符的变化规律。该题从图形形状上看是一个直角三角形，字符组成相对比较简单，只有数字，而且数字呈现规律性的排列：每一行从左到右都按照由小到大的顺序排列，并且数字的个数和所在行号相同。因此可以利用循环嵌套编写程序，其中外循环控制行数，每循环一次，执行一次输出，隐含 do 循环作为内循环控制输出每一行的内容。程序中 Format 语句控制数据输出格式，每个数据占一个列宽。

程序编写如下：

```
do i=1,5
   print 10,(j,j=1,i)
end do
10 format(<i>i1)
end
```

程序运行结果如图 5.12 所示。

图 5.12　例 5-11 运行结果

5.2 do while 循环结构

对于循环次数确定的循环可以用 do 循环结构很方便地实现,但是有些问题的循环次数并不能确定,只能通过给定的条件来决定是否进行循环,这时就可以用 do while 循环结构来实现。

5.2.1 do while 循环结构的组成

do while 循环结构的一般格式如下:

```
do while(逻辑表达式)
    循环体
enddo
```

说明:

(1) do while 循环结构由三部分组成:do while 语句、循环体和 enddo 语句。

(2) do while 语句是 do while 循环结构的起始语句,其中逻辑表达式是表示循环的控制条件,必须全部放在括号里面。

(3) 循环体是 do while 循环结构的主体,是在循环过程中被重复执行的语句组。

(4) end do 语句是 do while 循环结构的终端语句,表明本次的循环体执行到此结束,后又转到 do while 语句继续执行循环结构。

(5) 使用 do while 循环语句时要特别注意避免死循环的产生,要保证循环体中至少有一条对循环控制条件有影响的语句,否则将产生死循环,引起严重后果。如以下程序:

```
sum=0
read *,x
do while (0<=x .and. x<=100)
    sum=sum+x
    print *, x
enddo
print *,'sum=',sum
end
```

程序运行时,若第 1 个输入数据为 0~100 以内的数,程序产生死循环,无法终止。

(6) do while 循环结构也可以多重嵌套,用法与注意事项同 do 循环结构。

5.2.2 do while 循环结构的执行过程

do while 循环结构执行过程如图 5.13 所示。

(1) 先计算表示循环控制条件的逻辑表达式的值,结果赋予 log。

（2）若 log＝.true. 则执行循环体直到 enddo 语句,否则终止循环,转去执行 enddo 语句后面的第一条可执行语句。

（3）执行 enddo 语句,控制转至（1）继续执行。

do while 循环结构在每次循环体执行前都要计算表示循环控制条件的逻辑表达式,其计算结果决定循环体是否继续执行,循环体的执行过程必须对循环控制条件产生影响。

下面再来看几个 do while 循环结构的例题。

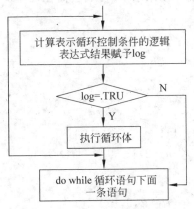

图 5.13　do while 循环执行过程

图 5.14　例 5-12 运行结果

【例 5-12】 用 do while 循环结构改写例 5-2 的程序。

程序编写如下:

```
parameter(n=5)
integer f
i=1
f=1
do while(i<=n)
  f=f*i
  i=i+1
end do
print*, '5!=',f
end
```

程序运行结果如图 5.14 所示。

分析:程序执行结果和例 5.2 完全相同,同样会得出正确的结果。不过程序语句看起来复杂了一点。改用 do while 循环结构编写程序,循环变量的初值设置(程序中第 3 行)跟累加(第 7 行)都需要命令明确表示出来,循环终止条件的判断表达式也要明确写清楚(第 5 行)。

这个循环同样会执行 5 次,请读者自己分析循环的执行过程。

这里使用 do while 循环结构并不比前面使用 do 循环结构所编写出来的程序精简和美观。因为 do while 循环结构的目的并不是用来处理这种“计数累加循环”情况的。do while 循环结构所处理的是无法预先确定循环次数,只能通过给定条件判断的循环,即用

do while 循环结构实现的是当型循环。

下面再看另外一道例题。

【例 5-13】 求 $\sin x = x - \dfrac{x^3}{3!} + \dfrac{x^5}{5!} - \dfrac{x^7}{7!} + \cdots + (-1)^{n-1} \cdot \dfrac{x^{2n-1}}{(2n-1)!}$，直到最后一项的绝对值小于 10^{-6} 时，停止计算。x 由键盘输入。

分析：这显然是一个累加求和问题。关键是如何表示出累加项。公式中给出的累加项表示很复杂，较好的方法是找到递推公式，利用前一项来求下一项，会简化程序设计。

这里首先推导出递推公式，用 f 表示累加项：

第 1 项：$f_1 = x$

第 i 项：$f_i = (-1)^{i-1} \dfrac{x^{2i-1}}{(2i-1)!}$ $(i \geqslant 2)$

第 $i-1$ 项：$f_{i-1} = (-1)^{i-2} \dfrac{x^{2i-3}}{(2i-3)!}$ $(i \geqslant 2)$

我们知道：已知 $(n-1)!$，求 $n!$ 公式为：$n \times (n-1)!$

同理可推：已知 $(n-2)!$，求 $n!$ 为：$(n-1) \times n \times (n-2)!$

所以第 i 项和第 $i-1$ 项之间的递推公式为：

$$f_i = -\frac{x^2}{(2i-2)(2i-1)} f_{i-1} \quad (i = 2, 3, \cdots)$$

本次循环的累加项可以在上一次循环累加项的基础上递推出来，递推公式要比原公式简单。

程序编写如下：

```
parameter (pi=3.1415926)
real x,f,sin
integer :: i=1
read * ,x                        !输入角度值
x=x * pi/180                     !将角度换算为弧度值
sin=x
f=x
do while(abs(f)>1.0e-6)   !循环条件判断
  i=i+1
  f=-x * x/((2 * i-2) * (2 * i-1)) * f
  sin=sin+f
enddo
print 10,sin
10 format(f4.2)
end
```

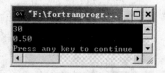

图 5.15   例 5-13 运行结果

程序运行结果如图 5.15 所示。

【例 5-14】 输入一个正整数，统计并输出其位数。

分析：利用整数相除得到整数的计算规则来求位数。把输入的整数存入变量 n 中，用变量 k 来统计 n 的位数，使用 do while 循环结构来实现。

程序编写如下：

```
integer n,k
k=0
read * ,n
do while(n>0)
  k=k+1
  n=n/10
end do
print * ,'k=',k
end
```

图 5.16　例 5-14 运行结果

程序运行结果如图 5.16 所示。

5.3　循环的流程控制

在前面的示例程序中，循环过程都是正常结束。有些特殊问题，如在循环处理过程中需要提前终止本次循环或整个循环，则需要在循环中进行流程控制。下面就来介绍两个与循环相关的语句，exit 语句和 cycle 语句。

5.3.1　exit 语句

exit 语句的功能是可以直接"跳出"一个正在运行的循环，转到循环结构 enddo 后的下一个语句执行。do 和 do while 循环结构语句内都可以使用 exit 语句。

【例 5-15】　用 exit 语句改写前面的例 5-14 的求正整数位数程序来做示例。

程序编写如下：

```
integer n,k
k=0
read * ,n
do while(.true.)
  k=k+1
  n=n/10
  if(n<=0) exit
end do
print * ,'k=',k
end
```

在示例程序中，循环的逻辑表达式（循环控制条件）直接置为 .true.，这是允许的，表示这个循环执行的条件永远成立，如果不在循环中加入跳出循环的控制语句，会造成死循环。所以在循环体内设置了 exit 语句，当条件 n<=0 满足时执行 exit 语句跳出循环。

exit 语句不提倡使用，因为它破坏了程序的结构化特性。有些情况，高水平的设计人员可用 exit 语句简化程序。合理使用 exit 语句是从死循环中退出的有效途径。

5.3.2 cycle 语句

cycle 语句的功能是略过循环体中在 cycle 语句后面的所有语句,直接跳回循环的开头来进行下一次循环。在 do 和 do while 循环语句内都可以使用 cycle 语句。来看下面的示例。

【例 5-16】 打印出 1～10 内的数字,3 和 6 不打印。

分析:在程序中通过条件设定跳过输出 3 和 6 的操作。

程序编写如下:

```
integer i
do i=1,10
  if(i==3.or.i==6) cycle
  print *,i
enddo
end
```

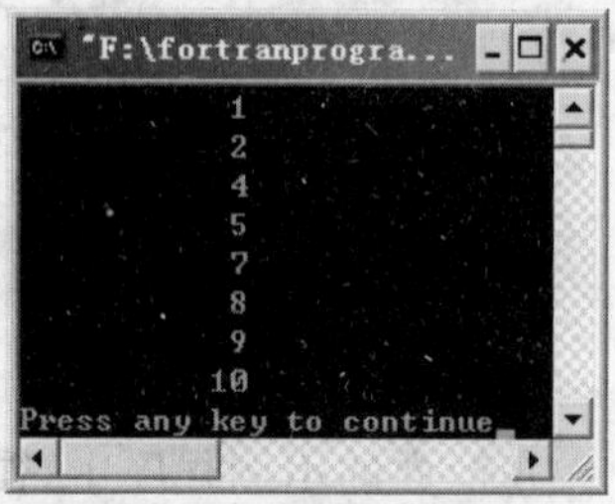

程序运行结果如图 5.17 所示。

图 5.17 例 5-16 运行结果

在程序中使用 do 循环,从 1 到 10,每一次循环,都将循环变量的值显示出来,再循环体输出语句前加入条件判断,如果循环变量的值为 3 或 6 时执行 cycle 语句,略过后面的输出语句,4 跳回循环的入口继续执行新一轮的循环。

在程序中如果需要略过目前的循环程序语句,直接进入下一次循环时,就可以使用 cycle 命令。

5.4 程 序 举 例

循环是编写程序时不可缺少的重要结构之一,程序设计者一定要熟悉有关循环的各种用法,才能更好地进行程序编写与阅读。在此列举一些使用循环来解决问题的实例。

【例 5-17】 求菲波那契(Fibonacci)数列前 20 个数:1、1、2、3、5、8、…。数列按下面递推公式计算得到:

$$F_1 = 1 \qquad\qquad (n=1)$$
$$F_2 = 1 \qquad\qquad (n=2)$$
$$F_n = F_{n-1} + F_{n-2} \qquad (n \geqslant 3)$$

分析:Fibonacci 的计算公式已给出,利用这一公式,可以在程序中定义两个变量 f1 和 f2,并将二者赋初值为 1,输出后根据当 $n \geqslant 3$ 时 $F_n = F_{n-1} + F_{n-2}$ 的特点,可以利用迭代的方法来实现。

数据每行输出 5 个,每个数据占 5 位,采用 Format 语句对数据进行格式输出。

程序编写如下:

```
integer:: f1=1, f2=1, f3
```

```
print "(2x,i5,2x,i5\)", f1, f2
do i=3,20
  f3=f2+f1
  print "(2x,i5\)",f3
  f1=f2
  f2=f3
  if(mod(i,5)==0) print *
enddo
end
```

程序运行结果如图 5.18 所示。

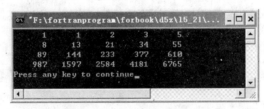

图 5.18　例 5-17 运行结果

【例 5-18】　求 [2,10000] 内的守形数。

分析：所谓守形数是指该数平方的低位数等于该数本身。例如 $25^2=625$，而 625 的低位 25 与原数相同，则称 25 为守形数。

可以用穷举法解决这类问题，即在 [2,10000] 范围内，对所有的数逐一验证是否符合守形数的条件。问题的关键就是如何判断一个任意数 N 是否是它平方的低位数。换句话说，对任意两个有内在联系的自然数 m 和 n，怎样判断 n 是否为 m 的低位数，判断的方法是对 m 用求余函数截取与 n 相同的位数进行比较。

程序编写如下：

```
do i=2,10000
    k=i*i
    if(i<10)then
      m=mod(k,10)
    else if(i<100)then
      m=mod(k,100)
    elseif(i<1000)then
      m=mod(k,1000)
    else
      m=mod(k,10000)
    end if
    if(m==i)print *,i
enddo
end
```

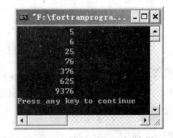

图 5.19　例 5-18 运行结果

程序运行结果如图 5.19 所示。

提问,如果要求找出任意范围内的守形数,范围由键盘输入,程序如何编写。

【例 5-19】 求 2～100 之间的素数。

分析:所谓素数是指只能被 1 和自身整除而不能被其他数整除的整数(除 1 以外)。

这一题同样可用穷举法解决,即在[2,100]范围内,对所有的数逐一验证是否符合素数的条件。根据素数定义,判断一个数 m 是否是素数的基本方法为:

将 n 作为被除数,将 2 到(n−1)各个整数轮流作为除数,如果都不能整除,则 n 为素数。实际上,从数学的角度分析,n 不必被 2 到(n−1)的整数整除,只需被 2 到 n/2 间整数整除即可,甚至只需被 2 到 sqrt(n)之间的数整除即可。这样就可以大大节省运行时间,提高程序效率。

判断一个数是否是素数需要用一重循环,要找出 2～100 之间的素数需要用两重循环。

程序编写如下:

```
integer m,count
count=0
print * ,'2~100 之间的素数有: '
print *
do m=2,100
  j=int(sqrt(1.0*m))
  do i=2,j
    if(mod(m,i)==0)exit
  enddo
  if(i>j) then
    count=count+1
    print "(2x,i2\)",m    !反斜杠编辑符表示继续在本行输出
    if(mod(count,5)==0) print *
  endif
enddo
print *
print "('共有素数',i2,'个。')",count
end
```

程序运行结果如图 5.20 所示。

【例 5-20】 编写程序验证下面公式:

$$1^2 + 2^2 + \cdots n^2 = \frac{1}{6}n(n+1)(2n+1)$$

图 5.20 例 5-19 运行结果

分析:设 l 表示等式左端的值,r 表示等式右端的值。分别计算 l 和 r,判断它们是否相等,如果相等,则等式成立,否则不成立。采用实数是否相等的判断方法。

计算 l,通过 do 循环结构实现。计算 r,通过赋值语句实现。

程序编写如下:

```
l=0
```

```
print * ,'输入项数 N：'
read * , n
do i=1,n                         !计算等式左端值 l
    l=l+i * i
enddo
r=n * (n+1) * (2 * n+1)/6.       !计算等式右端值 r
if(abs(l-r)<1e-6) then
    print * ,'公式正确！！！'
else
    print * ,'公式不正确！！！'
endif
end
```

图 5.21   例 5-20 运行结果

程序运行结果如图 5.21 所示。

【例 5-21】   编写一个小型计算器程序,用键盘输入两个数字,再根据运算符判断这两个数字做加减乘除的哪一项运算,每做完一次计算后,让用户来决定是否还要进行新的计算。

程序编写如下：

```
character  key,code
key='y'
do while(key=='y'.or.key=='y')
   print *
   print * ,"请输入计算数据和运算符："
   read * ,a
   read "(a1)",code
   read * ,b
   select case(code)
     case ('+')
       ans=a+b
     case ('-')
       ans=a-b
     case ('*')
       ans=a*b
     case ('\')
       ans=a/b
     case default
       print * , "UNKNOWN OPERATOR: ",code
       stop
   endselect
   print 10,a,code,b,ans
   10 format(f6.2,a1,f6.2,'=',f6.2)
```

```
    print *
    print *,"输入 (Y/y) 继续计算,输入其他字符退出"
    read *,key
  enddo
end
```

程序运行结果如图 5.22 所示。

【例 5-22】 编程打印以下图形。如输入行数 $N=5$ 时的如下图形：

```
5  4  4  4  4  4  4  4  5
   4  3  3  3  3  3  4
      3  2  2  2  3
         2  1  2
            1
```

程序编写如下：

```
read *,n
do  k=n,1,-1
if( k>1) then
  print *, ( '  ', i=k,n),char(k+48),' ',(char(k-1+48),' ',j=1,k-1),&
& (char(k-1+48),' ',j=k-1,2,-1),char(k+48)
else
  print *, ( '  ', i=k,n),char(k+48),' ',(char(k-1+48),' ',j=1,k-1),&
&  (char(k-1+48),' ',j=k-1,2,-1)
endif
enddo
```

程序运行结果如图 5.23 所示。

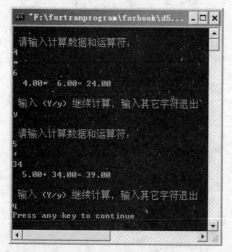

图 5.22 例 5-21 运行结果

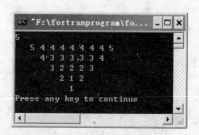

图 5.23 例 5-22 运行结果

习 题 5

1. 写出下列程序的运行结果。

（1）

```
s=1.0
do  k=2,10,4
    s=s+1/k
end do
print *,s
end
```

（2）

```
s=1.0
do   k=3, 1, -1
  do   n=-1, -3
   s=2*s
  end do
end do
print *,s
end
```

（3）

```
do  n=10,99
  na=n/10
  nb=mod(n,10)
  if (na+nb .eq. 10)  then
     print *, 'n=',n
  endif
end do
end
```

（4）

```
k=5
do  i=1,5
print *, (' ',j=1,20-3*(i-1),1),     &
&    (char(j/10+48),char(mod(j,10)+48),' ',j=k, 5*i,1)
    k=k+4
    end do
    end
```

（5）

```
m=0
```

```
do   i=1,4
  j=i
  do   k=1,3
     l=k
     m=m+1
  end do
end do
print *, i, j, k ,l,m
end
```

2．编写程序求 100 之内所有奇数之和。

3．利用下式计算 π 的近似值。

$$\frac{\pi}{4} = 1 - \frac{1}{3} + \frac{1}{5} - \frac{1}{7} + \cdots + \frac{1}{4n-3} - \frac{1}{4n-1} \quad (n = 1000)$$

4．输入 20 个数，统计其中正数、负数和零的个数。

5．输入 100 名学生的学号和五门课的成绩，要求统计并打印出总分成绩最高学生的学号、各门课成绩、总成绩及平均成绩。编写程序实现之。

6．打印输出 1、2、3、4 能组成的所有可能的四位数，并统计个数。

7．求出 [100,500] 中，能同时满足除 7 余 5，除 5 余 3，除 3 余 1 的所有整数，并统计其个数。

8．输入 x 值，按下列公式计算 $\cos(x)$。精度要求 6 位有效数字，最后一项 $< 10^{-6}$。编写程序实现之。

$$\cos(x) = 1 - \frac{x^2}{2!} + \frac{x^4}{4!} - \frac{x^6}{6!} + \cdots$$

9．打印出 500 以内：满足个位数字与十位数字之和除以 10 所得的余数是百位数的所有数，并统计出这些数的个数。

10．编写计算下式的 FORTRAN 程序。

$$1 + (1+3) + (1+3+5) + (1+3+5+7) + \cdots + (1+3+5+7+\cdots+n)$$

运行程序时从键盘输入的 n 值为 27。

11．编写程序求 2～10000 之间的所有"完数"。所谓"完数"是指除自身之外的所有因子之和等于自身的数。如 28 是一个完数，因为 28 的因子有 1、2、4、7、14，且：

$$28 = 1 + 2 + 4 + 7 + 14$$

12．编程画出如下 M 行 N 列的中空矩形，M 和 N 由键盘输入。

13. 编程输出如下数字三角阵。

```
    1
  9  10
 17  18  19
 25  26  27  28
 33  34  35  36  37
 41  42  43  44  45  46
 49  50  51  52  53  54  55
 57  58  59  60  61  62  63  64
```

14. 编程输出如下数字三角阵。

```
    1
  7   8
 13  14  15
 19  20  21  22
 25  26  27  28  29
 31  32  33  34  35  36
 25  26  27  28  29
 19  20  21  22
 13  14  15
  7   8
    1
```

教学目标:

- 了解数组的概念。
- 掌握数组的定义方式。
- 掌握给数组赋初值的方法。
- 熟练掌握一维数组和二维数组的保存规则。
- 熟练掌握数组的输入和输出方式。

数组是另外一种使用内存的方法,它可以用来分配一大块内存空间。与第 2 章所介绍的变量有所不同的是:经过定义得到的变量只能保存一个数值,而数组则可以用来保存多个数值。因此,在处理大量数据时,数组是不可缺少的工具。

【**例 6-1**】 找出 10 名学生某门课成绩的最高分。

方法 1:

用前面章节的知识来解决,定义 10 个变量来保存 10 名学生的成绩,程序编写如下:

```
real g1,g2,g3,g4,g5,g6,g7,g8,g9,g10,max
read *,g1,g2,g3,g4,g5,g6,g7,g8,g9,g10
max=g1
if(g2>max) max=g2
if(g3>max) max=g3
if(g4>max) max=g4
if(g5>max) max=g5
if(g6>max) max=g6
if(g7>max) max=g7
if(g8>max) max=g8
if(g9>max) max=g9
if(g10>max) max=g10
print *,'最高分为:',max
end
```

可以看出,上述程序对于处理少量的数据还不算太烦琐,如果数据量很大(如要找100 名学生某门课成绩的最高分),程序冗长烦琐程度可想而知。

方法 2:

用数组来解决,程序编写如下:

```
integer g(10)                     !定义一个数组 g,g 包含 10 个元素
```

```
do i=1,10
  read *,g(i)                        !输入 10 名学生成绩,存入数组 g 中
end do
ip=1                                 !ip 表示最高分在 g 数组中的位置(下标值)
do i=2,10
  if(a(i)>a(ip)) ip=i
end do
print *,'最高分为',a(ip)             !a(ip)表示最高分
end
```

显然,这个程序较前一个程序简洁,而且具有通用性。如学生人数为 100 名的情况,只需将程序中的 10 改为 100。

通过以上例子可以看到,数组的使用将使程序变得简洁灵活,可以简化大批量数据的存储和处理,它是程序设计中的一种十分有用的工具。数组的使用可以使许多复杂的算法得以实现,这些算法用简单变量将难以甚至无法实现。

本章主要介绍数组的概念和数组的使用方法。

6.1　数组的概念

数组是由类型相同的一批数据构成的有序集合。每个数组必须有一个数组名,取名规则和变量相同。

如例 6-1,10 名学生成绩组成一个数组 g,每个学生的成绩分别表示为:
$$g(1), g(2), g(3), \cdots, g(i), \cdots, g(10)$$

又如,要记录 3 个班(每班 5 人)的学生成绩组成一个数组 s,每个学生的成绩可分别表示为:
$$s(1,1)s(1,2)s(1,3)s(1,4)s(1,5)$$
$$s(2,1)s(2,2)s(2,3)s(2,4)s(2,5)$$
$$s(3,1)s(3,2)s(3,3)s(3,4)s(3,5)$$

使用数组时应注意以下几点:

(1) 数组名代表具有同一类型的一批数据,而前面学习的简单变量名只代表一个数据。

(2) 数组中的每一个数据称为数组元素,不同的数组元素其下标不同,下标放在紧跟在数组名后的一对圆括号内,也叫做带下标的变量。

(3) 具有一个下标的数组称为一维数组,具有两个下标的称为二维数组,通常把具有两个或两个以上下标的数组统称为多维数组,Fortran 95 最多可以定义高达七维的数组。前面例题中,数组 g 为一维数组。数组 s 为二维数组,其中第 1 个下标用来表示班级,第 2 个下标表示学生的编号,s(2,4)表示二班第 4 名学生的成绩。

6.2　数组的定义

编写程序时要使用的任何一个数组都必须对其进行定义,即定义该数组的名字、类型、维数及大小(元素个数),以便编译系统给数组分配相应的存储单元。

Fortran 95 中常用 dimension 语句和类型说明符来定义数组。

6.2.1　用 dimension 语句定义数组

一般格式为:

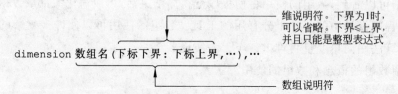

数组说明符定义了数组名、数组的维数和大小。

其中数组的维数由维说明符的个数确定。维说明符至少有 1 个,最多 7 个。数组的大小即数组的元素个数,一维数组的元素个数为下标上界减去下标下界的差值再加 1,二维数组的元素个数为两个下标上界减去下标下界差值再加 1 的乘积。

如:

```
dimension g(10) ,s(3,5)    即 dimension g(1: 10) ,s: (1: 3,1: 5)
```

该语句定义了一个包含 10 个元素的一维数组 g 和包含 3×5＝15 个元素的二维数组 s。使用 dimension 语句定义数组时应注意以下 4 点:

(1) dimension 语句是非执行语句,必须放在程序单位的可执行语句之前。

(2) dimension 语句定义数组时不指明数组的类型。数组类型的确定与变量一样,有下列三种方式:

① 如无特别说明,数组的类型按 I-N 规则来确定,即根据数组名第一个字母来确定。例如语句:

```
dimension a(10),n(10: 15),w(2,3)
```

定义 a 和 n 为包含 10 个和 6 个元素的一维实型数组,w 为包含 6 个元素的二维整型数组。

② 在 dimension 语句之后用类型说明语句说明数组的类型。例如语句组:

```
dimension a(1: 10),n(10: 15),b(-5: 0),m(-1: 1,0: 2,0: 3),name(1: 30)
real a,n
integer b,m
character * 8 name
```

定义 a 和 n 为一维实型数组,b 为一维整型数组,m 为三维整型数组(包含 36 个数组元素),n 为一维字符型数组。

应注意,在类型说明语句中只能用数组名,而不能重复写数组说明符。

③ 在 dimension 语句之前用 implicit 语句说明数组的类型。例如:

```
implicit real(n,m),integer(a-d)
dimension a(1: 10),n(10: 15)
```

定义 a 为一维数组整型,n 为一维实型数组。

6.2.2 用类型说明语句定义数组

一般格式为:

类型符 数组名(下标下界:下标上界,…),…

如:

```
real a(1: 10),n(10: 15),w(1: 2,1: 3)
integer b(-5: 0),m(-1: 1,0: 2,0: 3)
character * 8 name(1: 30),c(5,4) * 10
```

使用类型说明语句定义数组时应注意以下 4 点:

(1) 用类型说明语句定义数组时,说明语句必须放在程序单位的可执行语句之前。

(2) 一个定义语句中可以定义多个数组,它们之间用逗号隔开。

(3) 数组名在程序中只能定义一次,不能与程序中其他的变量同名。

(4) 定义数组时,必须明确数组的大小。

6.2.3 同时使用 dimension 语句和类型说明语句定义数组

一般格式为:

类型符,dimension(下标下界:下标上界,…)::数组名[,…]

如:

```
integer,dimension(10):: a,n,w(2,3)
```

定义 a 和 n 为包含 10 个元素的一维整型数组,w 为包含 6 个元素的二维整型数组。

6.3 给数组赋初值

6.3.1 使用数组赋值符赋初值

一般格式为:

数组名=(/取值列表/)

其中取值列表可以是类型相同的常数、变量、函数、表达式或隐含 DO 循环,它们之间用逗号隔开。

【例 6-2】 给一维数组 a、b 赋值,并输出。

程序编写如下:

```fortran
integer a(5),b(5)
a=(/1,3,5,7,9/)
b=(/(i,i=2,10,2)/)
print *,a
print *,b
end
```

程序运行结果如图 6.1 所示。

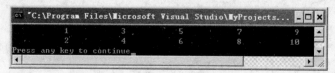

图 6.1   例 6-2 运行结果

6.3.2　用 data 语句给数组赋初值

数组也可以像一般变量一样使用 data 语句来给数组赋初值。

data 语句给数组赋初值的一般格式如下:

data 数组名/常量表/,数组名/常量表/,…

例如:

```fortran
integer a(5)
data a/1,2,3,4,5/
```

通过 data 语句给数组 a 中元素分别赋值为 a(1)＝1、a(2)＝2、a(3)＝3、a(4)＝4、a(5)＝5。

使用 data 语句给数组赋初值时应注意以下几点:

(1) data 语句的常量表中还可以使用星号"＊"来表示数据的重复。

例如:

```fortran
integer b(4)
data b/4 * 5/
```

此时会把 b 数组的 4 个元素均赋值为 5。"＊"前的数字称为重复系数,重复系数必须为整数。

　程序设计基础——Fortran 95

(2) data 语句中还可以使用隐含 do 循环来给数组中部分元素赋初值。

例如：

```
integer a(1: 10)
data (a(i),i=1,5)/1,3,5,7,9/,(a(j),j=6,10)/2,4,6,8,10/
```

data 语句给 a 数组中前 5 个元素分别赋初值 1、3、5、7、9，后 5 个元素分别赋初值 2、4、6、8、10。

(3) 当初值表中的初值类型和对应的对象类型不一致时，编译系统自动将初值的类型转化为对应对象的类型，再进行赋值。例如：

例如：

```
integer a(2)
data a/1.5,2.5/
```

编译系统会先将 1.5/2.5 取整后再给数组 a 赋值，即 a(1)=1，a(2)=2。

(4) data 语句是非执行语句，可以出现在程序中说明语句之后，end 语句之前的任意位置。

6.4　对数组的操作

6.4.1　对数组元素的操作

数组必须先定义，然后使用。对数组元素的操作即对数组元素的引用。
一般格式为：

数组名(下标,[下标],…)

例如：

```
integer a(2,2),b(5)
a(1,1)=10                    !数组 a 中的第 1 个元素赋值为 10
do i=1,5                     !数组 b 中的 5 个元素均赋值为 3
  b(i)=3
enddo
```

数组元素引用时要注意：
(1) 数组名后面的下标为整型，如果不是整型，则自动取整之后再使用。
(2) 每个下标的值必须落在相应的下标下界到下标上界之间。如上述 a 数组，如果引用数组元素 a(2,3)则会发生错误。

6.4.2　数组的整体操作

Fortran 95 允许对数组进行整体操作。

例如：

```
integer a(2,2),b(5)
a=10                    !数组 a 中的所有元素赋值为 10
b=3                     !数组 b 中的所有元素赋值为 3
```

还可以有以下引用方式：

（1）当数组 a 和 b 维数大小相同时：

```
a=b                     !将 b 数组中同一位置元素的值对应赋值给 a 数组对应元素
```

（2）当数组 a、b、c 维数大小相同时：

```
a=b+c                   !将 b 和 c 数组的同样位置的元素值相加所得的值赋值给 a 数组对应元素
a=b-c                   !将 b 和 c 数组的同样位置的元素值相减所得的值赋值给 a 数组对应元素
a=b*c                   !注意不等于矩阵的相乘，而是 a(i,j)=b(i,j)*c(i,j)，将 b 和 c 数组的
                         同样位置的元素值相乘所得的值赋值给 a 数组对应元素
a=b/c                   !将 b 和 c 数组的同样位置的元素值相除所得的值赋给 a 数组对应元素
```

其他计算方式相同，不再一一描述。

6.4.3　数组局部引用

除了可以对数组进行整体操作以外，还可以对局部数组操作。

例如：

```
integer a(6)
a(3:5)=0                !将 a(3)、a(4)、a(5)赋值为 0，其他元素值不变
a(1:6:2)=3              !将 a(1)、a(3)、a(5)赋值为 3，其他元素值不变
```

其中，3:5 和 1:6:2 是三元表达式，3:5 的含义是从 3 变化到 5，每次增加 1，同样 1:6:2 的含义是从 1 变化到 6，每次增加 2。

三元表达式的一般形式可写为：

初值:终值:步长

通过三元表达式可以引用数组的一部分（数组片段）。可以看出，对数组的局部引用有点类似于隐含循环。

例如：

```
(1) b(4:6)=a(1:3)                      !相当于 b(4)=a(1),b(5)=a(2),b(6)=a(3)
(2) a(1:10)=a(10:1:-1)                 !使用隐含循环的方法将数组 a(1~10)的内容翻转
(3) integer a(3,4)
    data a/1,2,3,4,5,6,7,8,9,10,11,12/
    print *,a(1:3:2,2:4:2)             !输出为：4 6 10 12
```

引用局部数组时要注意：

（1）等号两边的数组元素数目要一样多。

(2) 同时使用多个隐含循环时,较低维数循环可以看做是内层的循环。

6.4.4　where 命令

where 命令是 Fortran 95 添加的功能,用来取出部分数组的内容进行设置。where 命令可以通过逻辑判断来使用数组的一部分。

例如:当数组 a 和 b 维数大小相同时,有以下程序段将数组 a 中大于 3 的元素值赋值给对应的 b 数组元素(位置相同的元素)。

```
integer a(5),b(5)
data a/1,2,3,4,5/
where(a>3)              !执行后 b(1)=0,b(2)=0,b(3)=0,b(4)=4,b(5)=5
  b=a
end where
```

这一功能,通过引用数组元素也可以完成,可以编写以下程序:

```
do i=1,5                ! 执行后 b(1)=0,b(2)=0,b(3)=0,b(4)=4,b(5)=5
  if(a(i)>3)b(i)=a(i)
enddo
```

虽然执行结果相同,但用 where 命令对数组进行操作比较简单,执行起来速度较快。

where 命令使用与 if 有点类似,当程序模块只用一个可执行语句时,可以将这个语句写在 where 后面,省略 endwhere。

可以写成:

```
where (a>3)b=a          !与 if 相似
```

使用 where 应注意以下 5 点:

(1) where 是用来设置数组的,所以它的模块中只能出现与设置数组相关的命令。

(2) where 中所使用的数组,必须是同样维数大小的数组。

(3) where 命令还可以配合 elsewhere 来处理逻辑不成立的情况。例如:

```
integer a(5),b(5)
data a/1,2,3,4,5/
where (a>3)
  b=1                   !将与 a 数组中值大于 3 的元素对应位置上的 b 数组元素赋值为 1
elsewhere
  b=2                   !将与 a 数组中其他元素对应位置上的 b 数组元素赋值为 2
end where
```

结果为 b(1)=2,b(2)=2,b(3)=2,b(4)=1,b(5)=1。

(4) where 可做多重判断,只要在 else where 后接上逻辑判断就可以。例如:

```
where (a<2)
```

```
    b=1
else where(a>4)
  b=2
elsewhere   !a(i)>=2并且a(i)>=4的部分
  b=3
end where
```

(5) where 可以嵌套使用。例如：

```
where(a<5)
  where(a/=2)
    b=3
  elsewhere
    b=1
  end where
elsewhere
  b=0
end where
```

6.4.5   forall 命令

forall 是 Fortran 95 添加的功能，它也可以看做是一种使用隐含循环来引用数组的方法，功能更强大。例如：

```
① integer :: a(5)
   forall (i=1: 5)          !a(1)=a(2)=a(3)=a(4)=a(5)=5
   a(i)=5
   end forall
② integer :: a(5)
   forall(i=1: 5)           !a(1)=1,a(2)=2,a(3)=3, a(4)=4, a(5)=5
   a(i)=i
   end forall
```

使用 forall 命令的一般格式为：

```
forall (表达式 1 [,表达式 1 [,表达式 1…]],条件)
   …
end forall
```

使用 forall 应注意以下 3 点：

(1) forall 中的表达式是用来赋值数组下标范围的值。如 forall (i＝1：5)中的 i＝1：5 就是一个表达式。例如：

```
integer :: a(5, 5)
forall (i=1: 5: 2, j=1: 5)      !二维数组可以用两组表达式
```

```
a(i,j)=i+j
end forall
```

结果为:

$$\begin{bmatrix} 2 & 3 & 4 & 5 & 6 \\ 0 & 0 & 0 & 0 & 0 \\ 4 & 5 & 6 & 7 & 8 \\ 0 & 0 & 0 & 0 & 0 \\ 6 & 7 & 8 & 9 & 10 \end{bmatrix}$$

(2) 条件跟 where 命令中使用的条件判断类似,可以用来限制 forall 程序模块中只作用于数组中符合条件的元素,还可以做其他限制。例如:

①
```
forall (i=1: 5, j=1: 5, a(i, j)<10 )    !只处理 a 中小于 10 的元素
  a(i,j)=1
  end forall
```
②
```
forall (i=1: 5, j=1: 5, i==j)            !只处理 i==j 的元素
  a(i,j)=1
  end forall
```
③
```
forall(i=1: 5, j=1: 5, ((i>j) .and. a(i,j)>0))
   !可赋值多个条件,这里只处理二维矩阵的上三角部分,且 a(i,j)>0 的元素
   a(i,j)=1/a(i,j)
   end forall
```

(3) 如果只有一个可执行语句时,可以省掉 end forall,写在同一行。

```
forall (i=1: 5, j=1: 5, a(i,j)/=0) a(i,j)=1/a(i,j)
```

(4) forall 也可以多层嵌套,但里面只能出现跟设置数组数值相关的程序命令,还可以在 forall 中使用 where。不过 where 中不可以使用 forall。

①
```
forall (i=1: 5)
    forall (j=1: 3)
      a(i,j)=1
    end forall
    forall (j=4: 5)
      a(i,j)=2
    end forall
  end forall
```
②
```
forall (i=1: 5)
    where (a(: ,i) /=0)
      a(: , i)=1.0/a(: , i)
    end where
  end forall
```

6.5 数组的保存规则

一个数组不管定义成什么"形状"(指维数跟大小),它的所有元素都是分布在计算机内存的同一个连续的存储单元中。

6.5.1 一维数组的保存规则

一维数组是最简单的情况。它的元素在内存中的排列位置刚好就依照数组元素的顺序,即按照下标由小到大的顺序进行排列。

例如:

```
integer s(5)
```

数组 s 在内存中的连续排列情况为 s(1)→s(2)→s(3)→s(4)→s(5),如图 6.2 所示。

如果定义成以下类型:

```
integer s(-1: 3)
```

则数组 s 在内存中的连续排列情况为 s(-1)→s(0)→s(1)→s(2)→s(3)。

w(1,1)	w(1,2)	w(1,3)
w(2,1)	w(2,2)	w(2,3)
w(3,1)	w(3,2)	w(3,3)

s(1)	s(2)	s(3)	s(4)	s(5)

图 6.2 一维数组在内存中的存放顺序   图 6.3 二维数组组成的数据表格

6.5.2 二维数组的保存规则

二维数组的"形状"可看成是由一组数据构成的二维表格或矩阵。数组元素的第 1 个下标值表示该元素在表格中的行号,第 2 个下标值表示该元素在表格中的列号。

例如:

```
integer w(3,3)
```

二维数组 w 的"形状"可看成如图 6.3 所示的二维表格。

二维数组的存储结构是按照表格或矩阵的列来存放的。即二维数组存放在内存时,会先放入列中每个行的元素,第 1 列放完了再放第 2 列。所以数组 w 在内存中的存放顺序为 w(1,1)→w(2,1)→w(3,1)→w(1,2)→w(2,2)→w(3,2)→w(1,3)→w(2,3)→w(3,3),如图 6.4 所示。

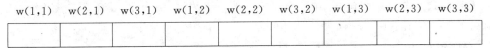

w(1,1)	w(2,1)	w(3,1)	w(1,2)	w(2,2)	w(3,2)	w(1,3)	w(2,3)	w(3,3)

图 6.4　二维数组在内存中的存放顺序

6.5.3　三维数组的保存规则

三维数组的"形状"可看成是由多页相同结构的二维表格来构成的。数组元素的第 3 个下标值表示该元素所在页号,第 1 个下标值表示该元素在表格中的行号,第 2 个下标值表示该元素在表格中的列号。

例如:

```
integer w(3,2,2)
```

三维数组 w 的"形状"可看成如图 6.5 所示的两张二维表格,每一个表格均为 3 行 2 列。

w(1,1,1)	w(1,2,1)
w(2,1,1)	w(2,2,1)
w(3,1,1)	w(3,2,1)

w(1,1,2)	w(1,2,2)
w(2,1,2)	w(2,2,2)
w(3,1,2)	w(3,2,2)

(a) 第 1 页　　　　　　　(b) 第 2 页

图 6.5　三维数组组成的数据表格

三维数组的存储结构是按照页的顺序来先存放的。即先存放第 1 页中的元素,再存放第 2 页中的元素,依次类推。每一页中的元素又是按照二维表格的存放顺序(先列后行)来的存放。所以数组 w 在内存中的存放顺序为 w(1,1,1)→w(2,1,1)→w(3,1,1)→w(1,2,1)→w(2,2,1)→w(3,2,1)→w(1,1,2)→w(2,1,2)→w(3,1,2)→w(1,2,2)→w(2,2,2)→w(3,2,2),如图 6.6 所示。

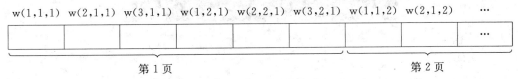

图 6.6　三维数组在内存中的存放顺序

6.6　数组的输入和输出

6.6.1　用 do 循环结构输入输出数组

用 do 循环结构实现对一维数组的输入输出。

【例 6-3】 定义一个包含 10 个元素的一维整型数组,采用 do 循环实现该数组的输入输出。

程序编写如下:

```fortran
integer a(10)
do i=1,10
    read *,a(i)
end do
do j=1,10,2
    print *,a(j)
end do
end
```

程序中第一个 do 循环结构内的 read 语句被执行 10 次,因此每执行一次 read 语句必须从新的一行输入一个数,因此应分 10 行输入 10 个数,这 10 个数依次赋给数组元素 a(1)到 a(10)。

程序中第二个 do 循环结构内的 print 语句被执行 5 次,每执行一次输出一个新的行,因此输出 5 个数,每个数占一行。输出的 5 个数依次为数组元素 a(1)、a(3)、a(5)、a(7)和 a(9)的值。

程序运行结果如图 6.7 所示。

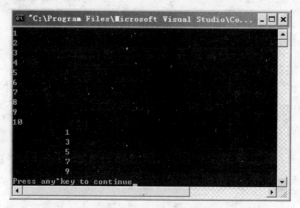

图 6.7 例 6-3 运行结果

用嵌套的二重 do 循环结构可实现对二维数组的输入输出。

【例 6-4】 有下列形状的数据:

$$\begin{pmatrix} 1 & 2 & 3 \\ 4 & 5 & 6 \end{pmatrix}$$

用 do 循环结构实现其输入输出。

程序编写如下:

```fortran
integer a(2,3)
do i=1,2
  do j=1,3
```

```
    read *,a(i,j)
  end do
end do
do k=1,3
  do l=1,2
    print *,a(l,k)
  end do
end do
end
```

程序运行结果如图 6.8 所示。

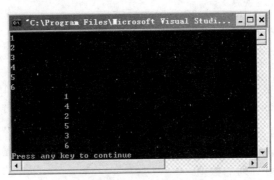

图 6.8　例 6-4 运行结果

从上面的两个例子可以看出,用 do 循环结构输入输出数组时,通过循环变量可灵活控制数组元素输入输出的数量和次序。但是,由于每输入(输出)一个数组元素值就要执行一次输入(输出)语句,使得程序执行效率低。另外,输入(输出)的数据占一行(记录),使得输入(输出)格式不灵活。

6.6.2　用隐含 do 循环输入输出数组

【例 6-5】　用隐含 do 循环结构实现对例 6-3 中一维数组的输入输出。

程序编写如下:

```
integer a(10)
read *,(a(i),i=1,10,1)
print *,(a(j),j=1,10,2)
end
```

程序中 read 语句后的输入项是一个隐含 do 循环结构,表示该 read 语句后面有 10 个输入项,即要求在一行内输入 10 个数组元素对应的数值。同样,print 语句输出项也是一个隐含 do 循环结构,表示该 print 语句后面有 5 个输出项,即表示在执行该输出语句后会在一行中输出数组 a 的 a(1)、a(3)、a(5)、a(7)、a(9)五个元素的值。

程序运行结果如图 6.9 所示。

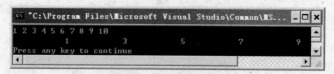

图 6.9 例 6-5 运行结果

【**例 6-6**】 用隐含 do 循环实现对例 6-4 中二维数组 $\begin{pmatrix} 1 & 2 & 3 \\ 4 & 5 & 6 \end{pmatrix}$ 的输入输出。

程序编写如下：

```
integer a(2, 3)
read *,((a(i,j),j=1,3),i=1,2)
print *,((a(k,l),k=1,2),l=1,3)
end
```

用隐含 do 循环结构的嵌套可实现对二维数组的输入输出。本程序单元中 read 语句后面的隐含 do 循环中，i(行)为外循环，j(列)为内循环，执行该程序时表示，需要一行输入 6 个数据，并且是第一行输完后再输入第二行的数值。同样，print 语句后面的 do 循环中，l(列)为外循环，k(行)为内循环，执行该程序时表示，需要一行输出 6 个数据，并且是第一列输完后再输入第二列的数值。

程序运行结果如图 6.10 所示。

图 6.10 例 6-6 运行结果一

要输出和形状相同的结果，可以加入格式控制，或者和 do 循环结构相配合，按行来输出。可修改程序如下：

```
integer a(2, 3)
read *,((a(i,j),j=1,3),i=1,2)
print 10,((a(i,j),j=1,3),i=1,2)
10 format(3i4)
end
```

程序单元中 read 语句和上一程序相同，print 语句和 read 语句后面的隐含 do 循环结构相同，i(行)为外循环，j(列)为内循环，执行时表示，输出一行 6 个数据，并且是第一行输完后再输出第二行的数值，由于加入了格式控制，由编辑符"3i4"控制一行只能输出 3 个数据，这 6 个数据分两行显示，和原有的形状相同。

程序运行如图 6.11 所示。

程序设计基础——Fortran 95

图 6.11　例 6-6 运行结果二

程序也可以修改为：

```
integer a(2, 3)
read *,((a(i,j),j=1,3),i=1,2)
do i=1,2
  print *,(a(i,j),j=1,3)
enddo
end
```

程序中，do 循环结构内的 print 语句被执行两次，每执行一次 print 语句必须从新的一行输出，因此分两行显示。print 语句的输出项是一个隐含 do 循环，在一行中显示输出每行的 3 个数据。

程序运行结果如图 6.12 所示。

图 6.12　例 6-6 运行结果三

6.6.3　用数组名作为输入输出项

数组名作为输入输出项时，数组元素按照它们在内存中的排列顺序输入输出。

【例 6-7】　用数组名作为输入输出项实现对例 6-3 中一维数组的输入输出。

程序编写如下：

```
integer a(10)
read *,a
print 10,a
10 format(1x,10i5)
end
```

程序中 read 语句要求一次性输入 10 个数给数组元素 a(1) 到 a(10)。print 语句会按数组存储结构一次性输出 10 个数组元素的值，即从 a(1) 到 a(10) 输出数组元素。

程序运行结果如图 6.13 所示。

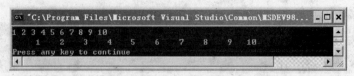

图 6.13　例 6-7 运行结果

【**例 6-8**】　用数组名作为输入输出项实现对例 6-4 中二维数组 $\begin{pmatrix} 1 & 2 & 3 \\ 4 & 5 & 6 \end{pmatrix}$ 的输入输出。

程序编写如下：

```
integer a(2, 3)
read *,a
print 10,a
10 format(1x,6i5)
end
```

当用数组名对二维数组进行输入输出时，数组元素的输入输出顺序总是和数组元素在内存中排列的顺序相一致。使用这种方法进行数组的输入输出时要特别注意数据的组织。

程序运行结果如图 6.14 所示。

图 6.14　例 6-8 运行结果

6.7　动态数组

在有些情况下，所需要使用的数组的大小要等到程序执行之后才会知道。例如，在成绩记录的应用中，如果要记录一个班的学生成绩，但是每个班级的学生人数不一定相同。在这种情况下，虽然可以设定一个足够大的数组来保存数据，但这样做，往往会浪费很多的存储空间，不是很好的处理办法。如果能够让用户根据实际输入的班级学生人数，动态地定义一个适合的数组来使用，就可以节省存储空间，提高程序执行的效率。

FORTRAN 语言引入了动态数组的概念，提供了一种灵活有效的内存管理机制。

动态数组可以在程序的运行过程中根据需要分配存储空间，确定数组的大小。

定义动态数组一般格式为：

[类型说明符,]allocatable :: 数组名(: [,:]…) [,数组名(: [,:]…)]

或

[类型说明符,]dimension(: [,:]…), allocatable:: 数组名 [,数组名]…

定义动态数组要加上 allocatable,数组的大小不用说明,使用冒号":"来表示维数组（冒号的个数）。

动态数组定义以后,在程序中,通过 allocate 语句分配相应存储空间,确定数组的大小。使用完成后,要及时地通过 deallocate 语句释放存储空间。下面通过一个例题来说明动态数组的应用。

【例 6-9】 输入某班级学生的一门成绩,计算出平均分。

分析：这里学生人数由键盘输入,根据人数确定数组的大小,保存成绩。因此采用动态数组。

程序编写如下：

```
integer n,aver
integer,allocatable:: a(:)
print *,"输入学生人数："
read *,n
allocate(a(n))
print *,"输入学生成绩："
do i=1,n
  read *,a(i)
enddo
aver=0
do i=1,n
  aver=aver+a(i)
enddo
aver=aver/n
print *,"aver=",aver
deallocate(a)
end
```

图 6.15　例 6-9 运行结果

程序运行结果如图 6.15 所示。

6.8　数组应用举例

6.8.1　一维数组程序举例

【例 6-10】 数组计数器。输入 20 名学生一门课的考试成绩,统计各分数段的人数。分数段划分如下：

- 优：$95 \leqslant s \leqslant 100$
- 良：$80 \leqslant s < 95$

- 中：$70 \leqslant s < 80$
- 及格：$60 \leqslant s < 70$
- 不及格：$s < 60$

分析：在对简单问题进行计数统计时，可用普通变量作为计数器来实现，但对大量数据的多种情况统计，用普通变量作为计数器就比较复杂，这时可考虑用数组计数器，即用数组每一个元素作为一个计数器来统计一种情况，可使问题得以简化。

本题中，统计 5 个分数段的人数需要有 5 个计数器，用一个数组 c 中的 5 个元素表示。同时定义一个数组 s，将所有学生成绩一次输入，然后再逐个统计每个成绩。

程序编写如下：

```
parameter(n=20)
integer c(5),s(n)
data c/5*0/                              !计数器清零
print *,"请输入",n,"个学生一门课的成绩"
do i=1,n
    read *,s(i)
enddo
print *,"分数输入完毕,请看统计结果："
do i=1,n
    if(s(i)<=100.and.s(i)>=95) c(1)=c(1)+1
    if(s(i)<95.and.s(i)>=80)   c(2)=c(2)+1
    if(s(i)<80.and.s(i)>=70) c(3)=c(3)+1
    if(s(i)<70.and.s(i)>=60) c(4)=c(4)+1
    if(s(i)<60) c(5)=c(5)+1
end do
print *,"分数段为'优'的人数为",c(1)
print *,"分数段为'良'的人数为",c(2)
print *,"分数段为'中'的人数为",c(3)
print *,"分数段为'及格'的人数为",c(4)
print *,"分数段为'不及格'的人数为",c(5)
end
```

程序运行结果如图 6.16 所示。

【例 6-11】 数据排序。将 n 个数按从小到大的顺序排列后输出。

分析：排序问题，首先应考虑将 n 个数存放在一个数组中（假设为 a 数组），再将数组 a 中的元素按从小到大排序，最后将排好序的数组 a 输出。其中关键是如何对数组 a 的元素进行从小到大排序。下面介绍三种排序方法：

1. 简单交换排序法

基本思路：对要排序的数进行多轮比较，在每一轮中将位于当前排序范围最前面的一个数与它后面的每个数分别进行比较，若大于后面的数就交换，否则不交换，经过若干次比较，就可将最小的数放到最前面。如此重复，每进行一轮比较排定一个数，直至全部

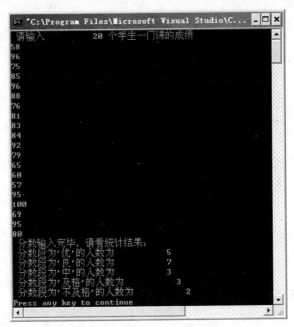

图 6.16　例 6-10 运行结果

排好次序。

　　针对上述问题具体分析如下：

　　(1) 第一轮比较

　　首先，a(1)与 a(2)比较，如果 a(1)大于 a(2)，则将 a(1)与 a(2)交换值，否则不交换，这样 a(1)的值即 a(1)与 a(2)中较小者。然后，a(1)与 a(3)比较，如果 a(1)大于 a(3)，则将 a(1)与 a(3)交换值，否则不交换，这样 a(1)的值即 a(1)、a(2)与 a(3)中较小者。如此重复，最后 a(1)与 a(N)比较，如果 a(1)大于 a(N)，则将 a(1)与 a(N)交换值，否则不交换，这样 a(1)的值就是 a(1)，a(2)，a(3)，…，a(N)中最小者。在这一轮比较中，一共比较了 N−1 次。

　　(2) 第二轮比较

　　与第一轮比较类似，将 a(2)与它后面的元素 a(3)，a(4)，…，a(N)进行比较，如果 a(2)大于某元素，则与该元素交换值，否则不交换。这样经过 N−2 次比较后，a(2)将得到次小值。

　　(3) 第 N−1 轮比较

　　将 a(N−1)与 a(N)比较，如果 a(N−1)大于 a(N)，则将 a(N−1)与 a(N)交换值，否则不交换，这样小数放在 a(N−1)中，大数放在 a(N)中。

　　经过 N−1 轮比较后，数组 a 中各元素值即按从小到大的顺序排列。

　　通过上述分析可以看出，在排序过程中既要考虑比较的轮数，又要考虑在每一轮中比较的次数，对此可通过双重循环来实现。外层循环控制比较的轮数，N 个数排序需要比较 N−1 轮，设循环控制变量为 i，则 i 从 1 变化到 N−1；内层循环控制每一轮中比较的次数，对于第 i 轮需要比较 N−i 次，设循环变量为 j，则 j 从 i+1 变化到 N。每次比较的两个元素分别为 a(i) 与 a(j)。

程序编写如下：

```
parameter(n=10)
integer a(n),t
print *,'请输入需要排序的',n,'个数据'
read *,a
do i=1,n-1
  do j=i+1,n
    if(a(i)>a(j)) then
      t=a(i)
      a(i)=a(j)
      a(j)=t
    end if
  end do
end do
print *,'原始数据按照从小到大的顺序排列如下：'
print 10,a
10 format(10i5)
end
```

程序运行结果如图 6.17 所示。

图 6.17　例 6-11 运行结果一

2. 选择排序法

基本思路：在 N 个数中，找出最小的一个数，使它与 a(1) 互换，然后，从 N−1 个数中，找一个最小的数，使它与 a(2) 互换，依次类推，直至剩下最后一个数为止。

（1）第一轮选择

从 a(1) 到 a(N) 中选出值最小的元素，将其值与 a(1) 互换。这里关键是如何从 a(1) 到 a(N) 中选出值最小的元素。具体方法如下：设变量 p 表示值最小的元素下标，并假定在未选择之前 a(1) 的值最小，即 p 先赋初值 1，然后将 a(p) 与 a(2)，a(3)，…，a(N) 分别进行比较，若其中某个元素值小于 a(p)，则将该元素的下标赋给 p。这样经过 N−1 次比较后，p 值即指向最小元素的位置，此最小元素为 a(p)，下一步只要将 a(p) 与 a(1) 互换即可。第一轮选择结束，a(1) 的值最小。

（2）第二轮选择

从 a(2) 到 a(N) 中选出值最小的元素，将其值与 a(2) 互换。选最小元素的方法与第一轮类似,只是 p 的初始值变为 2,并且 a(p) 与 a(3),a(4),…,a(N) 分别进行比较(比较 N−2 次)。第二轮选择结束,在 a(2) 到 a(N) 中 a(2) 的值最小。

(3) 第 N−1 轮选择

从 a(N−1) 到 a(N) 中选出值最小的元素,将其值与 a(N−1) 互换。这一轮中,p 的初始值变为 N−1,并且 a(p) 只与 a(N) 比较一次。第 N−1 轮选择结束,在 a(N−1) 到 a(N) 中 a(N−1) 的值最小。

同前种方法一样,选择排序法也要用到双重循环。外层循环控制比较的轮数,N 个数排序需要比较 N−1 轮,设循环控制变量为 i,则 i 从 1 变化到 N−1;内层循环控制每一轮中 a(p) 与其他元素比较的次数,对于第 i 轮需要比较 N−i 次,设循环变量为 j,则 j 从 i+1 变化到 N。每次互换的两个元素分别为 a(p) 与 a(i)。此外应注意 p 的值是随着比较的轮数而变化的,也就是在每执行一次外循环应将 i 的值赋给 p。

程序编写如下:

```
parameter(n=10)
integer a(n),t
print *,'请输入需要排序的',n,'个数据'
read *,a
do i=1,n-1
    p=i
    do j=i+1,n
      if(a(j)<a(p)) p=j
    end do
    t=a(i)
    a(i)=a(p)
    a(p)=t
end do
print *,'原始数据按照从小到大的顺序排列如下:'
print 10,a
10 format(10i5)
end
```

程序运行结果如图 6.18 所示。

图 6.18　例 6-11 运行结果二

3. 冒泡排序法

基本思路:对要排序的数进行多轮比较,在每一轮中将当前排序范围内相邻的两个数进行两两比较,使小数在前,大数在后。如此重复,每进行一轮排定一个数,直至全部排好次序。

(1) 第一轮比较

首先,a(1)与a(2)比较,如果a(1)大于a(2),则将a(1)与a(2)交换值,否则不交换。然后,a(2)与a(3)比较,如果a(2)大于a(3),则将a(2)与a(3)交换值,否则不交换。如此重复,最后a(N−1)与a(N)比较,如果a(N−1)大于a(N),则将a(N−1)与a(N)交换值,否则不交换。这样第一轮比较N−1次后,a(N)的值就是a(1),a(2),a(3),…,a(N)中最大者。

(2) 第二轮比较

与第一轮比较类似,将a(1)到a(N−1)相邻的两个元素进行两两比较,经过N−2次比较后,a(N−1)将是这些元素中最大者,是数组a所有元素中第二大者。

(3) 第N−1轮比较

a(1)与a(2)比较,将小数放在a(1)中,大数放在a(2)中。

经过N−1轮比较后,数组a中各元素值即按从小到大的顺序排列。

同前两种交换排序法类似,冒泡排序法也要用到双重循环。外层循环控制比较的轮数,N个数排序需要比较N−1轮,设循环控制变量为i,则i从1变化到N−1;内层循环控制每一轮中比较的次数,对于第i轮需要比较N−i次,设循环变量为j,则j从1变化到N−i。每次比较的两个元素分别为a(j)与a(j+1)。

程序编写如下:

```
parameter(n=10)
integer a(n),t
print *,'请输入需要排序的',n,'个数据'
read *,a
do i=1,n-1
    do j=1,n-i
        if(a(j)>a(j+1)) then
            t=a(j)
            a(j)=a(j+1)
            a(j+1)=t
        end if
    end do
end do
print *,'原始数据按照从小到大的顺序排列如下:'
print 10,a
10 format(10i5)
end
```

程序运行结果如图6.19所示。

【例6-12】 数据插入。将一个数插到有序数列中,插入后数列仍然有序。

分析:首先,将该数列按从小到大的顺序存放到数组a中,将要插入的数存放到变量

图 6.19　例 6-11 运行结果三

x 中;接下来关键就是找到插入的位置以及将 x 插入。

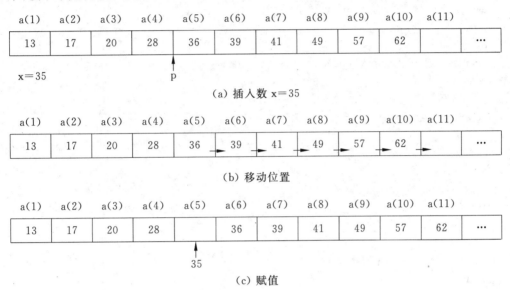

（a）插入数 x＝35

（b）移动位置

（c）赋值

图 6.20　数据插入有序数列过程

（1）找插入位置。如图 6.20（a）所示,设插入的数 x 为 35,插入的位置用变量 p 表示,从图中可以看出 x 应插在第 5 位,即 p 值为 5。具体分析如下:设 p 的初值为 1,将 x 与 a(p)比较,若 x 大于 a(p),表示 x 的位置在 a(p)之后,应使 p 值增加 1,即执行 p＝p＋1,接着将 x 与下一个元素比较（即新的 a(p)）;不断重复此过程,当 x 不大于 a(p)时,此时的 p 即所要找的插入位置。

对于 x 小于 a(1)和 x 大于 a(10)这两种特殊情况,程序当中也需要考虑,对于第一种情况,设 x 值为 12,条件"x＞a(p)"不成立,一次循环也不执行,p 值仍然保持初值 1,即插入第 1 个位置,插入操作正确;对于第二种情况,设 x 值为 70,循环执行到第 10 次时,条件仍然成立,此时 p 值变为 11,当再进行条件判断时,由于条件"p＜＝n"不满足,退出循环,则插入位置为 11,插入操作也正确。

（2）将 x 插入。对于 x 为 35,找到插入位置 5 之后,要想将 x 放到 a(5)中,首先需要将 a(5)到 a(10)中所有元素的值都向后顺移一个位置,如图 6.20（b）所示。在移动位置时,应注意先从最后一个元素 a(10)开始移动,否则前一个元素值"覆盖"了后一个元素的值,导致从 a(5)到 a(10)的值最后都变为 36。在移好位置之后,再将 x 的值存到 a(5)中,即赋给 a(5),如图 6.20（c）所示。

最后一条语句表示插入一个数后数组中数据应增加 1 个。该程序段对于 x 小于 a(1) 和 x 大于 a(10) 这两种特殊情况也是适用的,请读者自己分析。

这里还需要说明的是,由于要向 a 数组中插入一个数 x,所以在说明数组 a 大小时应适当加大,以免放不下发生下标越界的错误。

程序编写如下:

```fortran
integer a(15),x,p
n=10
a(1:n)=(/13,17,20,28,36,39,41,49,57,62/)
print *,'已有有序数据:'
print 10,a(1:n)
print *,'请输入要插入的数据:'
read *,x
p=1
do while(x>a(p).and.p<=n)
  p=p+1
end do
do i=n,p,-1
  a(i+1)=a(i)
end do
a(p)=x
n=n+1
print *,'插入后的有序数据:'
print 10,a(1:n)
10  format(1x,15i5)
end
```

程序运行结果如图 6.21 所示。

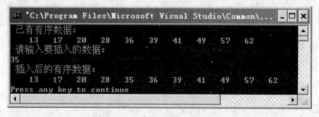

图 6.21　例 6-12 运行结果

【例 6-13】　数据删除。将一列数中指定的数删除,例如,将数列 25、50、67、29、25、25、51、89、12、25 中所有的 25 都删除,要求删除之后,其余的数先后次序不变。

分析:如图 6.22 所示,将该数列存放到数组 a 中,用变量 p 表示要删除的数(用 x 表示,x 的值为 25)的位置,n 表示删除 x 后数的个数。从图 6.22 中可以看出,想要删除 x,关键是先要确定 x 的位置,再进行删除操作。

(1)确定 x 位置。可用前面介绍例 6-1 的顺序检索法来确定 x 的位置,如以下程序所示:

```
do p=1,n
  if(a(p)==x) exit
end do
```

当退出循环时,若 p 小于或等于 N,p 即代表 x 的位置,若 p 大于 N,表示要删除的数 x 不存在。

(2) 删除 x。从图 6.22 中可以看出,每次删除 x,只需要将 x 之后的所有数向前顺移一个位置,这样 x 被其后的数"覆盖",即被删除了。

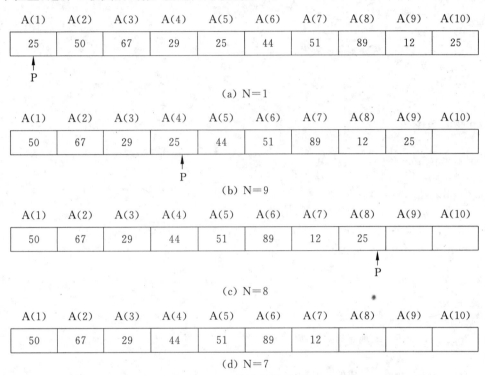

(a) N=1

(b) N=9

(c) N=8

(d) N=7

图 6.22 数据删除过程

需要注意的是:在向前顺移位置时,前面的数先移动,后面的数后移动,这与插入操作刚好相反(见例 6-11)。另外应注意循环变量 i 的终值应为 n−1,而不是 n。语句 n＝n−1 表示删除一个数后,剩余数的个数。

这里还需要注意:如图 6.22(b)所示,当删除第一个 25 后,元素 a(10)值的位置为空,实际上并不为空,a(10)的值仍然为 25,因为在移位时 a(10)的值没有被"覆盖",但可以不去管它,只要认为剩下的元素为 9 个就可以了,即 n 减去 1。同理,当第二个 25 被删除之后,a(9)和 a(10)的值均变为 25,但认为剩下的元素为 8 个即可,其余依次类推。

当被删除的数不在最后一位时,可通过向前顺序移位"覆盖"的办法来实现删除,但如果被删除的数在最后一位时,其后再没有数向前移位"覆盖",那么该如何删除它,上面的程序是否适用这种情况?具体分析如下:如图 6.22(c)所示,通过查找 x 位置可以确定 p 值为 8,并且此时 n 的值也为 8,由于上面程序段循环变量 i 的值是从 p 变到 N−1,步长为 1,显然一次循环也不执行,但执行了后面 N＝N−1 这条语句,那么在最后输出数组 a

时只输出前 7 个元素,不输出元素 a(8),这样就可认为最后一个 25 也被删除了,因此上面程序是适合这种情况的。

由于要删除的数可能不止一个,上面确定删除位置和删除操作将会多次重复,因此要用到双重循环。

程序编写如下:

```
integer a(10),x,p
a=(/25,50,67,29,25,44,51,89,12,25/)
print *,'原始数据:'
print 10,a
print *,'请输入需要删除的数据:'
read *,x
n=10
p=1
do while(p<=n)
  do p=1,n
    if(a(p)==x) exit
  end do
  if(p<=n) then
    do i=p,n-1
      a(i)=a(i+1)
    end do
    n=n-1
  end if
end do
if(n==10) then
  print *,'没有发现要删除的数!'
else
  print *,'删除后形成的新数据:'
  print 10,a(1:n)
end if
10 format(1x,10i4)
end
```

程序运行结果如图 6.23 所示。

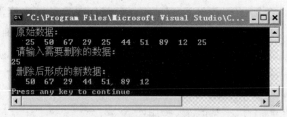

图 6.23 例 6-13 运行结果

6.8.2 二维数组程序举例

【例 6-14】 输入若干名学生的学号和三门课程(语文、数学和英语)的成绩,要求打印出按平均成绩进行排名的成绩单。如果平均成绩相同,则名次并列,其他名次不变。

分析:这里可用整型数组 num 存放学号,整型数组 s 存放名次。对于三门课程和平均成绩可用 4 个一维数组来存放,也可用一个列数为 4 的二维数组来存放。为简便起见,这里采用二维实型数组来存放,设为 a,数组 a 的前三列分别存放三门课程的成绩,最后一列存放平均成绩。

这道题的关键是如何给学生排名,对此可这样考虑:设学生总数为 20 人,若 20 人中有 19 人的平均成绩都高于某学生,则该学生的名次为 20;若 20 人中有 18 人的平均成绩都高于某学生,则该学生的名次为 19;依次类推,若 20 人中有 0 人的平均成绩高于某学生,则该学生的名次为 1。

再来考虑名次并列的情况,若两名学生平均成绩相同,那么统计出的 k 值也相同,则名次也就相同了。因此上面程序可处理名次并列的情况。

另外,在打印按平均成绩进行排名的成绩单时,应注意确保某个学生的名次、学号、各门课程成绩以及平均成绩都是该学生自己的,避免张冠李戴。

程序编写如下:

```
parameter(n=10)
integer num(n),a(n,4),s(n),k
print 10,"请输入",n,"个学生的学号和三门课程的成绩"
do i=1,n
  read *,num(i),a(i,1),a(i,2),a(i,3)
  a(i,4)=(a(i,1)+a(i,2)+a(i,3))/3.0
end do
do i=1,n
  k=0
  do j=1,n
    if(a(j,4)>a(i,4)) k=k+1
  end do
  s(i)=k+1
end do
print *,''
print *,'按照平均分排名如下:'
print *,'------------------------------------------------'
print *,'名次    学号    语文  数学   英语   平均成绩'
do i=1,n
  do j=1,n
    if(s(j)==i) print 20,s(j),num(j),(a(j,l),l=1,4)
  end do
end do
```

```fortran
10 format(a,i3,a)
20 format(i5,i10,4i7)
end
```

程序运行结果如图 6.24 所示。

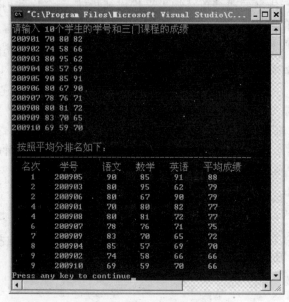

图 6.24　例 6-14 运行结果

【例 6-15】　将一个二维数组的行和列互换,存放到另一个二维数组中。

例如：$A = \begin{pmatrix} 1 & 2 & 3 & 4 \\ 5 & 6 & 7 & 8 \\ 9 & 10 & 11 & 12 \end{pmatrix}$ 行和列互换后变为 $B = \begin{pmatrix} 1 & 5 & 9 \\ 2 & 6 & 10 \\ 3 & 7 & 11 \\ 4 & 8 & 12 \end{pmatrix}$。

分析：用一个整型二维数组 a 存放原矩阵,用一个整型二维数组 b 存放转置矩阵。在将数组 a 各元素值赋给数组 b 各元素时,要用到双重循环,外循环变量控制数组 a 的行数,内循环变量控制数组 a 的列数。

程序编写如下：

```fortran
integer a(3,4),b(4,3)
print *,'请输入 A 数组的数据：'
read 10,((a(i,j),j=1,4),i=1,3)
do i=1,3
  do j=1,4
    b(j,i)=a(i,j)
  end do
end do
print *,'行和列交换后的数组 B 为：'
print 20,((b(i,j),j=1,3),i=1,4)
```

```
10 format(4i4)
20 format(1x,3i4)
end
```

程序运行结果如图 6.25 所示。

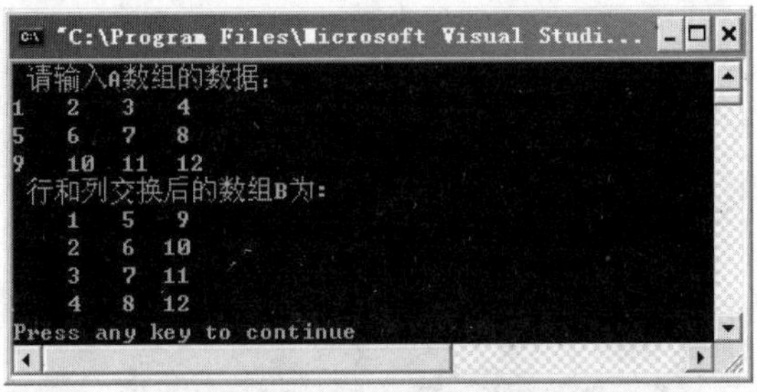

图 6.25 例 6-15 运行结果

【例 6-16】 编写程序打印出下面形式的杨辉三角形。

```
1
1    1
1    2    1
1    3    3    1
1    4    6    4    1
1    5   10   10    5    1
1    6   15   20   15    6    1
1    7   21   35   35   21    7    1
1    8   28   56   70   56   28    8    1
1    9   36   84  126  126   84   36    9    1
```

分析：打印上面两种形式的杨辉三角形,关键是要找出数字之间的变化规律。可将该形状的杨辉三角形看成一个 10 行 10 列的二维数组的左下半三角(包含对角线在内),因此可定义一个整型数组 a(10：10)。由数字形状可以看出：第 1 列元素和对角线上元素的值均为 1；从第 3 行开始,第 i 行上第 2 列到第 $i-1$ 列,各列每个元素值为上一行相对应的两元素值之和。

另外,应注意打印数组 a 时只需打印左下半三角的元素,这可用双重循环结构来实现,为了使程序更简洁,内循环可用隐含 do 循环结构。

程序编写如下：

```
parameter(n=10)
integer a(n,n)
do i=1,n
    a(i,1)=1
    a(i,i)=1
end do
do i=3,n
```

```
    do j=2,i-1
        a(i,j)=a(i-1,j-1)+a(i-1,j)
    end do
end do
print *,'杨辉三角形打印如下：'
do i=1,n
    print 100,(a(i,j),j=1,i)
end do
100 format(1x,10i5)
end
```

程序运行结果如图 6.26 所示。

图 6.26　例 6-16 运行结果

习　题　6

1. 从键盘输入 10 个数，要求按输入时的逆序输出。

2. 请定义一个包含 10 个元素的一维数组 a，按照赋值 a(i)＝2＊i 的规律给各元素赋值，并计算输出数组中各元素的平均值。

3. 查找一列数中最大数，并将其插在第一个数前。

4. 有 n 个国家名，要求按字母先后顺序排列并输出。

5. 输入任意 6 个数放在数组中，若输入的 6 个数为 1、2、3、4、5、6，请用三种方法打印出以下方阵：

$$
\begin{matrix}
1 & 2 & 3 & 4 & 5 & 6 \\
2 & 3 & 4 & 5 & 6 & 1 \\
3 & 4 & 5 & 6 & 1 & 2 \\
4 & 5 & 6 & 1 & 2 & 3 \\
5 & 6 & 1 & 2 & 3 & 4
\end{matrix}
$$

6. 请用三种方法打印以下图案。HELLO!由键盘输入。

```
HELLO!
 ELLO!
  LLO!
   LO!
    O!
     !
```

7. 将一列数中所有相同的数删到只剩一个。

8. 将例 6-10 中的 n 个数按从大到小的顺序排列后输出。

9. 输入若干名学生的学号和三门课程(语文、数学和英语)的成绩,要求从键盘输入一个学生的学号,能打印出该学生的三门课程成绩和总分。

10. 数据检索。设有 n 个数,找出其中值为 x 的数。

11. 计算 n 行 n 列组成的二维数组的两个对角线上各元素之和。

12. 找出 n 行 n 列组成的二维数组中最大元素和最小元素所在的位置。

13. 求 m 行 n 列组成的二维数组中每行元素之和,将和最大的行与第一行对调,输出对调前后的二维数组。

14. 编写程序打印出以下形式的九九乘法表。

** 九九乘法表 **

	(1)	(2)	(3)	(4)	(5)	(6)	(7)	(8)	(9)
(1)	1								
(2)	2	4							
(3)	3	6	9						
(4)	4	8	12	16					
(5)	5	10	15	20	25				
(6)	6	12	18	24	30	36			
(7)	7	14	21	28	35	42	49		
(8)	8	16	24	32	40	48	56	64	
(9)	9	18	27	36	45	54	63	72	81

15. 打印出下面形式的杨辉三角形。

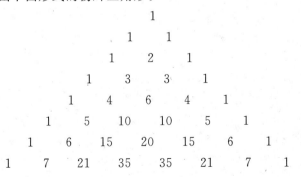

```
                1
              1   1
            1   2   1
          1   3   3   1
        1   4   6   4   1
      1   5   10  10  5   1
    1   6   15  20  15  6   1
  1   7   21  35  35  21  7   1
```

第 7 章 函数与子程序

教学目标：

- 了解子程序的概念。
- 掌握语句函数的定义与调用。
- 掌握函数子程序的定义与调用。
- 掌握子例行程序的定义与调用。
- 熟悉程序单元之间数据的传递方式——虚实结合。
- 了解递归子程序和内部子程序。
- 掌握公用区语句和等价语句的作用。

一个较为复杂的系统一般需要划分为若干个子系统，然后对这些子系统分别进行开发和调试。高级语言中的子程序就是用来实现这种模块划分的。FORTRAN 语言中的子程序主要体现为函数和子例行程序。通常将相对独立的经常使用的功能抽象为子程序。子程序编写好以后可以被重复使用，使用时可以只关心子程序的功能和使用方法，而不必去关心它的具体实现。这样有利于程序代码重复利用，是编写高质量、高水平、高效率程序的有效手段。

【例 7-1】 子程序示例一。简单的子程序使用实例。

程序编写如下：

```
program exam7_1
call star()                    !调用子程序 star
call message()                 !调用子程序 message
call star()                    !再调用子程序 star
end


subroutine star()              ! star 子程序
  print *,"********************"
end


subroutine message()          !message 子程序
  print *,        "hello!"
end
```

程序运行结果如图 7.1 所示。

图 7.1　例 7-1 运行结果

star 和 message 都是用户定义的子程序,分别用来输出一排星号和一行信息。

程序中第 1 行的 program 为程序开始语句,后面加程序名,常常省略,但在有子程序的程序中常常用在主程序的第 1 行,以便于区分主程序和子程序。程序中的第 2、3 和 4 行出现了一个新的命令 call,在程序中的意义就如同它的英文原意"调用"的意思。所以第 2、4 行的意思是"调用一个名字叫做 star 的子程序",同样第 3 行的意思是"调用一个名字叫做 message 的子程序"。

子程序中包含可执行的程序代码,可以使用任何的 FORTRAN 命令描述,在子程序中也可以声明变量、控制程序流程、执行循环,甚至调用其他子程序。

子程序和前面几章所看到的主程序之间最大的不同之处在于,程序执行是从主程序单元开始的,主程序的程序代码一开始就会被执行,而子程序不会自动执行,它需要被别的程序"调用"才会执行。这就是它之所以被称为"子"的原因。

子程序的程序代码以 subroutine 开头,后面是子程序的名字,以 end(或 end subroutine,也可以是 end subroutine 子程序名)来结束。子程序名很重要,用来被调用。

主程序并不一定放在程序的开头,它可以放在程序中的任意位置,可以先写子程序再写主程序。

FORTRAN 中的子程序按其完成的功能划分为函数子程序(function 子程序)、子例行程序(subroutine 子程序)、数据块子程序(block data 子程序)等。

子程序不能独立运行,它们和主程序单元(就是本章前已广泛使用的程序结构)一起组成一个实用程序。一个程序可以不含子程序(也可以含有多个子程序),但不能没有主程序。

本章介绍各种子程序的结构、功能以及子程序与主程序或子程序与子程序之间的数据传递关系。语句函数不具备子程序的一般书写特征,但其作用与子程序相同。也一并放在本章讨论。通过本章的学习,应当学会选择并设计恰当的子程序形式来构造自己的程序,从而提高程序设计能力。

7.1　语 句 函 数

前面已经介绍过,在 FORTRAN 程序中可以直接调用标准函数(内部函数),如调用数学函数 sin、cos 等,这对用户是非常方便的。但是,还常常会遇到一些其他的运算,一些在标准函数库中没有的函数运算,这时用户必须自己在程序中定义所需要的函数(即用户自定义函数),然后再来引用它。

FORTRAN 语言提供了语句函数定义功能来定义一些简单的函数,用于实现有关的函数关系。

任何数学表达式实际上都可表示成一元、二元或多元函数关系,即

$$F(x_1, x_2, \cdots, x_n)$$

这些函数关系如果没有对应的内部函数,则用户可以设法定义新的函数来实现它们。

【例 7-2】 求函数 $f(x) = x^2 + x + 1$ 在 $x = 1, 2, 3, 4, 5$ 时的值。

分析:这是一个重复计算问题,可以使用语句函数编写计算表达式,调用计算。

程序编写如下:

```
program exam7_2
f(x)=x*x+x+1.0
print *,f(1.0),f(2.0),f(3.0),f(4.0),f(5.0)
end
```

程序运行结果如图 7.2 所示。

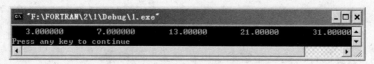

图 7.2　例 7-2 运行结果

程序中第 2 行的作用就是用户自己定义了一个函数,函数名为 f。

f(x)=x*x+x+1.0 语句是"语句函数定义语句"。f(x)就是一个语句函数。

语句函数定义语句是一个非执行语句,它的作用仅仅在于定义函数 f(x)和自变量 x的某种数学计算关系。

程序中第 3 行是输出 f(1.0)、f(2.0)、f(3.0)、f(4.0)、f(5.0)的值,f 是语句函数名,括号内的实数是调用函数时给定的实参(自变量的实在值)。计算 f(1.0)时,就用 1.0 代替语句函数定义语句中赋值号右侧表达式内的参数 x。

即求出:

$$f(1.0)=1.0*1.0+1.0.+1.0=3.0$$

f(2.0)、f(3.0)、f(4.0)、f(5.0)的求法可依此类推,分别将 2.0、3.0、4.0、5.0 代替表达式内的参数 x。

7.1.1　语句函数的定义

如例 7-2,在程序中有时可能在好几处需要进行同样的某种表达式计算,而这种计算又不是某个内部函数所能完成的,这时,程序设计者可以自己来定义一个语句函数,通过引用语句函数来实现这种特殊的运算。

语句函数必须在需要引用该函数的程序单元内,用一条语句进行定义,因此称为语句函数。

要使用语句函数求解问题,就必须在使用前通过专门的定义语句来定义该语句函数,

之后才能在程序中像引用内部函数那样来引用该语句函数。

语句函数的定义形式如下：

函数名(x1,x2,…,xn)=表达式

————————— 虚参表，虚参之间用逗号分隔

1. 语句函数名

语句函数名应遵循 FORTRAN 语言的标识符命名规则。如果在此语句之前没有用类型说明语句对其进行类型说明，则遵循隐含的 I-N 规则，若用类型说明语句说明语句函数的类型，则必须将类型说明语句放在语句函数定义语句之前。

语句函数名不能与本程序单元中的任何其他变量同名。

例如：

```
root1(a,b,c)=(-b+sqrt(b**2-4.0*a*c))/(2.0*a)
da(a,r)=sqrt(b*b+a*a*a)
integer db
db(a,b)=sqrt(b*b+a*a*a)
```

都是合法的语句函数定义语句。前两个语句函数 root1 和 db 的返回值为实型，最后的语句函数 db 因为在前面进行了类型说明为整型，因此它的返回值为整型是平方根值的整数部分。

2. 语句函数中的虚拟参数（简称虚参）

语句函数名后一对括号中的 x1,x2,…,xn 代表语句函数的自变量，称为虚拟参数（或称虚拟变元、哑元），简称虚参。它们本身是没有值的，只有在函数引用时用实在自变量（实参数）代替虚参，才能得到函数值。

虚参在形式上与普通变量名相同，虚参之间不能同名。虚参只能用变量来表示，不允许为常数、数组、数组元素、函数调用或表达式。

如果函数没有虚参，一对圆括号不可少。虚参多于一个时，它们之间用逗号隔开。

语句函数定义语句中的虚参只是自变量的符号，用来在形式上表示右边表达式中自变量的个数、自变量的类型和在表达式中的作用。它不代表任何值，因此，函数定义语句写成以下两种形式（使用不同名字的自变量）作用完全相同：

```
f(x)=x*x+x+1.0
f(y)=y*y+y+1.0
```

由于虚参不代表实在的值，因此它可以与程序中的变量同名。例如：

```
f(x)=x*x+x+1.0
x=3.0
y=(x+3.0)/2.0
z=f(1.0)+f(2.0)+f(3.0)
```

```
t=f(x)
```

程序中第 1 行的 x 是语句函数的虚参,第 2 行的 x 是变量名,它们彼此独立,无任何关系。第 3 行计算出 y 的值等于 2.0。第 4 行引用语句函数,分别将 1.0、2.0、3.0 代替语句函数定义语句中右边表达式的 x,计算出 f(1.0)、f(2.0)、f(3.0)。第 5 行 f(x)中的 x 是变量名,其值为 3.0,此时 f(x)相当于 f(3.0)。

虚参变量的类型可以用隐含规则来说明,也可以用类型语句说明。但应注意,若在同一程序单元中有与虚参同名的变量时,则虚参和该同名变量都具有类型说明语句所说明的类型。

3. 语句函数中的表达式

在定义语句函数的语句中,赋值号右边的表达式可以是算术表达式、逻辑表达式或字符表达式。在这个表达式中,除了必须包含相关虚参以外,还可以包含常量、变量、数组元素、内部函数和已经定义过的语句函数。

4. 定义语句函数应遵循的规则

(1) 当函数十分简单,用一条语句足以定义时(允许使用继续行)才能用语句函数的形式定义函数。

(2) 语句函数定义语句是非执行语句。它应该放在所有可执行语句之前和所有的类型说明语句之后。

(3) 语句函数只有在其所在的程序单元中才有意义。换言之,不能引用其他程序单元中所定义的语句函数。语句函数不得在 external 语句中出现。

(4) 语句函数定义语句中的虚参只能是变量名,不能是常量、表达式或数组元素。

(5) 语句函数定义语句中的表达式可以包含已定义过的语句函数、函数子程序(外部函数)或内部函数。语句函数通过表达式得到一个函数值。函数名与函数值之间必须和赋值规则一致;因此,不能把字符型的函数值赋值给非字符型的函数名,不能把逻辑值赋值给一个非逻辑类型的函数名。

例如,以下的语句函数定义语句是正确的:

① ```
sum(a,b,c)=a+b+c
aver(a,b,c)=sum(a,b,c)/3.0
```
② ```
ir(id)=mod(id,2)
```
③ ```
logical xor,x1,x2
xor(x1,x2)=.not.x1.and.x2.or.x1.and.not.x2
```
④ ```
ss(i,x,y)=a(i)+x * y
```

而以下的语句函数定义语句则是非法的,应注意避免:

① `bul(i,j,k)=3 * i**j`　　　　!虚参 k 在表达式中没有出现
② `et(a,a)=sqrt(a * 2.0)+a`　　!虚参之间重名
③ `sf(b)=1.5-sf(b)`　　　　　　!不允许出现递归调用

7.1.2　语句函数的调用

语句函数一旦定义后,就可以在同一程序单元中引用它。引用的形式和引用内部函数一样,即用实参代替虚参。

一般格式为:

函数名(实参表)

实参可以是与虚参类型一致的变量、常量或表达式,实参必须有确定的值。函数按照代入的实参的值,根据定义的表达式计算出函数值。

如果函数没有虚参,一对括号不可少。如:

st( )=sqrt(4.586)+exp(4.226)

在引用 st 函数时,也必须带有括号。

如:

a=st( )＊x+y

语句函数引用时。实参也可以是语句函数。例如:

fun (x)=x+1
　　⋮
y=fun (fun (a))
　　⋮

此处的 a 必须有定义(即必须有具体的值)。

7.1.3　语句函数应用举例

【例 7-3】　正直角柱体如图 7.3 所示。已知五组 a、b 和 h,要求分别求出对应的对角线长度 d。

分析:为了求出 d,必须先求出上底的对角线 c,在程序中可定义求矩形对角线的语句函数 diag(x,y),五组数分别放在 a、b、h 数组中。程序编写如下:

```
program exam7_3
real a(5),b(5),h(5),d(5)
diag(x,y)=sqrt(x**2+y**2)
do i=1,5
   read *,a (i),b (i),h (i)
end do
do i=1,5
    c=diag(a(i),b(i))
    d(i)=diag(c,h(i))
```

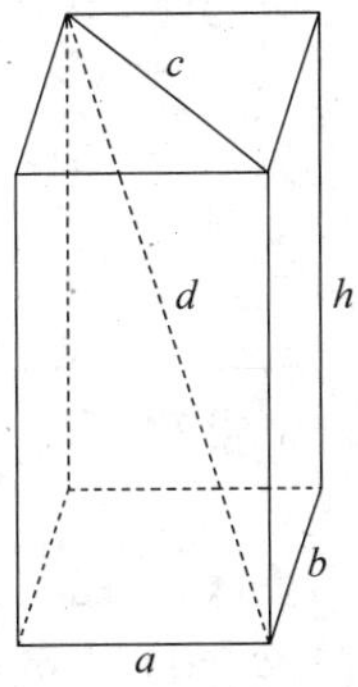

图 7.3　正直角柱体

```
enddo
print 100
100 format(9x,'A',9x,'B',9x,'H',9x,'D')
print 110, (a(i),b(i),h(i),d(i),i=1,5)
110 format (5x,4f9.3)
end
```

程序运行结果如图 7.4 所示。

图 7.4 例 7-3 运行结果

【例 7-4】 编一个程序,求函数 $\ln(a+\sqrt{1+a^2})$ 在 a 点处导数的近似值。

分析:求函数 f 在 a 点的导数可由以下差商公式给出:

$$f'(a) = \lim_{h \to 0} \frac{f(a+h) - f(a-h)}{2h}$$

$h = \frac{1}{2^n}$,可使 n 从 0 变化到 15。当连续两次求出的两个导数值小于 10^{-5} 时,就可以认为求得到了近似导数值。

程序中可定义两个语句函数,f(a)代表要求导数的函数,fun(a,h)代表以上差商公式。

求导数点的值放在变量 r 中。在程序中定义了一个逻辑变量 work,当未满足精度要求时,使 work 为"真";当达到精度时,使 work 为"假"。图 7.5 给出了算法框图。

程序编写如下:

```
program exam7_4
logical work
f(a)=alog(a+sqrt(1+a*a))
fun(a,h)=(f(a+h)-f(a-h))/(2.0*h)
read *,r
print *,'r=',r
n=0
x0=0.0
work=.true.
do while(work.and.n.le.15)
    h=1.0 / 2.0**n
```

```
    x=fun(r,h)
    if(abs(x-x0).lt.1e-5) work=.false.
    x0=x
    n=n+1
enddo
if(n.le.15)then
  print *,'the values of difference quotient is：',  x
else
  print *,'n>15'
endif
end
```

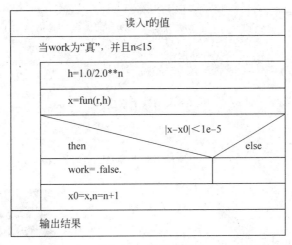

图 7.5　算法框图

程序运行结果如图 7.6 所示。

图 7.6　例 7-4 运行结果

7.2　函数子程序

语句函数只能解决一些较简单的问题，当函数关系比较复杂，用一个语句无法定义时，就需要用到函数子程序。

先来看一个实例：

【例 7-5】 求 $y = \dfrac{(1+2+3)+(1+2+3+4)+(1+2+3+4+5)}{(1+2+3+4+5+6)+(1+2+3+4+5+6+7)}$ 的值。

分析：要计算的表达式看似复杂,其实都是由等差序列的和值构成的,因此,只要能分别求出每一个等差序列的和,再代入表达式计算就可以了。所以定义一个求等差序列和值的函数 $f(x)$,当 $x=3,4,5,6,7$ 时,分别求出函数值,计算公式改为：

$$y = \frac{f(3)+f(4)+f(5)}{f(6)+f(7)}$$

程序编写如下：

```
program exam7_5
n=3
y=(f(n)+f(n+1)+f(n+2))/(f(n+3)+f(n+4))
                          !利用公式计算 y 的值。公式中调用了 f 函数
print *,y
end

function f(x)               !定义函数子程序
integer x
f=0
do i=1,x                    !通过循环求等差序列的和值
  f=f+i
enddo
end
```

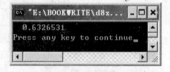

图 7.7　例 7-5 运行结果

程序运行结果如图 7.7 所示。

程序运行从主程序单元开始。在主程序中,调用了 5 次 f 函数。

当执行到第 3 行 $y=(f(n)+f(n+1)+f(n+2))/(f(n+3)+f(n+4))$ 时,首先需要计算 $f(n)$ 的值,程序流程从主程序转向函数子程序来求 f 的值,实参 $n(=3)$ 和虚参 x 结合,虚参 x 获得实参 n 的值为 3,通过三次求和循环后得到函数的值为 $1+2+3=6$,把结果 6 通过赋值语句赋给函数名 f,结束循环,遇到 end 语句后结束函数子程序的运行,程序流程返回到主程序中调用子程序的地方,由函数名 f 将值 6 带回到主程序,得到 $f(n)$ 的值为 6。

接下来遇到 $f(n+1)$,第二次调用 f 函数子程序：将实参 $n+1$ 和虚参 x 结合,虚参 x 获得实参 $n+1$ 的值为 4,参与下面函数体的运算,通过 4 次循环运算,得到 f 的值为 $1+2+3+4=10$,遇到 end 语句后结束函数子程序的运行,程序流程返回到主程序中调用子程序的地方,由函数名 f 将值 10 带回到主程序,得到 $f(n+1)$ 的值为 10。

接下来 $f(n+2)$、$f(n+3)$、$f(n+4)$ 的运算与此完全相同,不再赘述。$f(n)$、$f(n+1)$、$f(n+2)$、$f(n+3)$、$f(n+4)$ 的值都计算得到后,再计算得到 y 的值,并输出。

7.2.1　函数子程序的定义

通过上面的例子可以看到,函数子程序是以 function 语句开头,并以 end 语句结束的一个程序代码段,该程序段可以独立存储为一个文件,也可以和调用它的程序单元放在一个程序文件中存储。函数子程序定义的一般格式是:

[类型说明符] function 函数名(虚参表)
　　　　函数体
end [function [函数名]]

类型说明是用于说明函数名的数据类型,函数名的命名规则与变量名相同,虚参可以是简单变量和数组变量,但不能是常数、数组元素、表达式。

函数子程序定义时应注意以下问题:

(1) 函数值的数据类型说明也可以在函数体的最前面说明。下面的两种说明方法是等效的。

① integer function f(x1,x2)
　　　　函数体
　　end
② function f(x1,x2)
　　integer f
　　　函数体
　　end

两种定义方法都说明 f 是一个整型函数,当未使用类型说明符定义函数类型时,函数值的类型遵守隐含 I-N 规则。

(2) 函数不能有同名的虚参。虚参的类型可以在函数体中进行说明,没有说明时,虚参的类型遵守隐含 I-N 规则。

(3) 函数体中至少要有一个给函数名赋值的语句(如例 7-5 函数子程序中的第 3 行)。给函数名赋值的语句格式是:

函数名=表达式

注意这里不能在函数名后带上圆括号。

(4) 函数子程序的定义并不一定要放在程序代码的最开始,可以安排在程序中的任意位置,程序单元之间彼此独立。

7.2.2　函数子程序的调用

定义函数子程序的目的是为了在程序中调用。不仅主程序可以调用函数子程序,函数子程序也可以调用其他的子程序,甚至于调用自身(递归调用)。调用程序称为主调程序单元,而被调用的子程序称为被调程序单元。调用一个函数子程序的方法和调用标准函数、语句函数的方法基本相同。

函数子程序调用的一般格式为：

函数名(实参列表)

注意：

(1) 调用时用实参代替虚参,实参和虚参的数据类型要一致,实参可以是常量、变量、表达式等。

(2) 主调程序单元的变量不能与函数子程序同名,但可以和函数子程序中的变量同名。子程序单元独立地拥有属于自己的变量声明,因此不同程序单元的变量彼此是不相干的。

(3) 函数值的类型由函数子程序定义单元决定,与调用程序单元无关。当函数名的类型不满足隐含 I-N 规则时,应在调用程序单元对函数名的类型作出说明。例如：

```
program main
integer add                    !说明 add 是一个整型函数,注意这里不是定义变量
read *,x,y
print *,add(x*x,y*y)
end


integer function add(x,y)      !定义 add 函数返回值类型为整型
  add=x+y
end
```

(4) 不能调用一个没有定义的函数子程序。

【**例 7-6**】 用函数子程序编写一个判断素数的程序,在主程序中输入一个整数,输出其是否是素数的信息。

分析：如何判断一个数是否是素数在前面已讲过,这里设计一个 checkprimr(n) 函数,让该函数负责检查输入的整数是否素数。如果是,该函数返回.true.,否则返回.false.。

程序编写如下：

```
program exam7_6
logical checkprime              !说明要调用的 checkprime 函数为逻辑型
print *,"请输入一个正整数："
read *,n
if(checkprime(n)) then
  print *,n,"是素数"
else
  print *,n,"不是素数"
endif
end
```

```
logical function checkprime(m)!定义函数子程序 checkprime 为逻辑型
checkprime=.false.
j=sqrt(1.0*m)
do i=2,j
  if(mod(m,i)==0)return          !有被整除的因子,非素数,返回。此时函数值为.false.

enddo
checkprime=.true.               !没有被整除的因子,是素数,函数值置为.true.
end
```

程序运行结果如图 7.8 所示。

图 7.8　例 7-6 运行结果

7.3　子例行程序

除了函数子程序以外,FORTRAN 子程序中还有一种子例行程序(subroutine),函数子程序和子例行程序都是子程序单元,两者的区别在于:函数子程序的名字代表一个值,函数返回值存放在函数名中,函数名是函数值的体现者,因此对函数名要做类型说明。而子例行程序的名字不代表一个具体的值,而是提供调用,因此不属于某种类型。在子例行程序中求得的值不是由子程序名带回主调程序单元,而是通过实参与虚参的结合带回主调程序单元的。从使用上来说,在解决一个问题时,函数子程序和子例行程序是可以相互替代的,一般是根据所要完成任务的特点来选择其一。

在例 7-1 中已经对子例行程序有了一些认识,下面再来看一个子例行程序和调用子例行程序的例子,它的作用与例 7-5 的 f 函数一样,用来求出等差序列的和值。在子例行程序中,将所求得的和值放在变量 s 中,由于虚参 s 分别与实参 f3、f4、f5、f6、f7 对应,因此,主程序单元中的 f3、f4、f5、f6、f7 就会得到相应的值。

【例 7-7】　用子例行程序编写程序求例 7-5。

程序编写如下:

```
program exam7_7
call f(3,f3)                    !调用子例行程序 f,得到值 f3
call f(4,f4)
call f(5,f5)
call f(6,f6)
```

```
call f(7,f7)
y=(f3+f4+f5)/(f6+f7)
print *,y
end


subroutine f(n,s)                    !子例行程序
s=0
do i=1,n
  s=s+i                              !累加求和,和值放在虚参变量 s 中
enddo
end
```

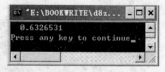

图 7.9　例 7-7 运行结果

程序运行结果如图 7.9 所示。

程序中子例行程序 f 通过 call 语句被调用了 5 次,每一次会计算出一个和值存放在虚参变量 s 中,通过虚实结合传递给相应的实参变量。

7.3.1　子例行程序的定义

子例行程序必须以 subroutine 语句开头,以 end 语句结束。

子例行程序定义的一般格式是:

```
subroutine 子例行程序名(虚参表)
    程序体
end [subroutine [子例行程序名]]
```

子例行程序名的命名规则和变量名相同,只是用来表示一个子例行程序,不代表任何值。

虚参可以是变量或数组名等,但不能使数组元素、常数、表达式。虚参是子例行程序与主调程序单元之间进行数据传递的主要渠道,当虚参多于一个时,彼此间用逗号隔开。没有虚参时,子例行程序名后的一对圆括号可以省略。

在程序体的代码中,不能对子例行程序的名字赋值。

7.3.2　子例行程序的调用

子例行程序调用的一般格式为:

```
call 子例行程序名(实参表)
```

子例行程序的调用必须用一个独立的 call 语句来实现。

当子例行程序没有虚参时,调用的格式如下:

```
call 子例行程序名
```

子例行程序调用的其他注意事项和函数子程序的调用相同。

下面通过两个实例来进一步了解子例行程序的定义和调用,以及它与函数子程序的相同点与不同点。

【例 7-8】 利用子例行程序编写程序求 $s=s1+s2+s3+s4$ 的值,其中:

$$s1 = 1+\frac{1}{2}+\frac{1}{3}+\cdots+\frac{1}{50}$$

$$s2 = 1+\frac{1}{2}+\frac{1}{3}+\cdots+\frac{1}{100}$$

$$s3 = 1+\frac{1}{2}+\frac{1}{3}+\cdots+\frac{1}{150}$$

$$s4 = 1+\frac{1}{2}+\frac{1}{3}+\cdots+\frac{1}{200}$$

分析:为了解决这个问题,可以定义一个子例行程序用于求 $\sum_{i=1}^{n}\frac{1}{i}$ 的值,然后通过调用子例行程序所求得的 $s1$、$s2$、$s3$ 和 $s4$ 的值去求 s 值。

程序编写如下:

```
program exam7_8
subroutine fcount(n,s)
s=0
do i=1,n
  s=s+1./i
enddo
end

call fcount(50,s1)
call fcount(100,s2)
call fcount(150,s3)
call fcount(200,s4)
s=s1+s2+s3+s4
print * ,"s=",s
end
```

图 7.10 例 7-8 运行结果

程序运行结果如图 7.10 所示。

【例 7-9】 定义一个冒泡法排序的子例行程序,在主程序单元中调用该子程序对一个包含有 10 个整型元素的数组按升序排序。

分析:这里利用随机方法生成 10 个元素。利用 ran(iseed)函数产生(0,1)区间内的随机数,int(ran(iseed) * 100)会产生(0,100)区间内的整数。其中 iseed 为随机数的"种子",每次运行时给定的"种子不同",产生的随机序列也就不同。

排序方法已在第 6 章做过详细介绍。

程序编写如下：

```fortran
program exam7_9
parameter (n=10)
integer a(n)
read * ,iseed
do i=1,n
  a(i)=int(ran(iseed) * 100)
enddo
print * ,"排序前的数组："
print "(<n>i4)",(a(i),i=1,n)
call sort(n,a)
print * ,"排序后的数组："
print "(<n>i4)",(a(i),i=1,n)
end

subroutine sort(n,a)
integer a(n),t
do i=1,n-1
  do j=1,n-i
    if(a(j)>a(j+1))then
      t=a(i)
      a(i)=a(j)
      a(j)=t
    endif
  enddo
enddo
end
```

程序运行结果如图 7.11 所示。

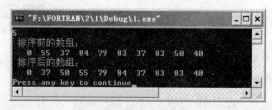

图 7.11　例 7-9 运行结果

通过上面的例子可以看出：

（1）子例行程序可以安排在程序中的任意位置，程序单元之间彼此独立。

（2）子例行程序和函数子程序在使用上可以相互替代。一般，当要求子程序单元有一个返回值时，选择函数子程序比较方便，当子程序没有返回值或返回值个数不止一个时，选择子例行程序更为方便。

7.4　程序单元之间的数据传递：虚实结合

到目前为止,我们已对 FORTRAN 的函数子程序和子例行子程序的结构和调用有了初步了解。本节将进一步对主程序与子程序单元参数的虚实结合进行讨论。在后面的讨论中,除了特别说明,用"子程序"来统称函数子程序和子例行子程序。

对子程序的调用,一开始首先是在虚参和实参之间按位置一一对应实现虚实结合,也就是说,第 1 个实参与第 1 个虚参结合,第 2 个实参与第 2 个虚参结合,……。最重要的一点是虚参和实参的数据类型要匹配,参数类型如果不匹配,会发生错误。

FORTRAN 的虚实结合是采用按址传递的方式实现的。这个意思是指,在调用子程序时,实参将它所对应的内存单元地址传递给虚参,这时,虚参和实参会使用相同的内存单元来存储数据。

例如,当下面的 call 语句执行时:

```
调用程序                    子程序
    ⋮                      subroutine  sub(im)
call  sub(n)                   ⋮
```

实参变量 n 的地址成为虚参变量 im 的地址。即在虚实结合期间,im 和 n 实际上使用同一个存储单元,如图 7.12 所示。这种通过传送地址的方式实现的虚实结合就称为按地址结合。因此在调用 sub 子程序的过程中,im 值的改变也就相当于改变了 n 的值。这就是为什么对应参数的类型必须相同的原因。当退出子程序返回主程序后,这种结合关系自动解除,im 又重新变成无定义状态。而 n 的值就是在子程序执行中最后一次对 im 所赋的值,从表面上看就好像把 im 的值传送给了主程序中的 n。

图 7.12　调用子程序时对应的实参和虚参共用同一个存储单元

下面具体讨论参数虚实结合的方法。

7.4.1　简单变量作为虚参时的虚实结合

当虚参是变量名时,所对应的实参可以是同一类型的变量、数组元素、表达式或常数。

1. 数组元素和变量作为实参

虚实结合时将地址传送给子程序,使之成为相对应的虚参的地址。对应的虚参和实参共用同一个存储单元,虚参的值改变时,对应实参的值随之改变。

例如:

```
integer a, c(3)
```

```
data  c/3*0/
a=100
call sub(a,c(2))
print *, 'a=', a, 'c(2)=',c(2)
ezind

subroutine sub(x,a)
integer  x,a
a=2*x
x=2*a
end
```

程序运行结果如图 7.13 所示。

运行过程如图 7.14 所示。

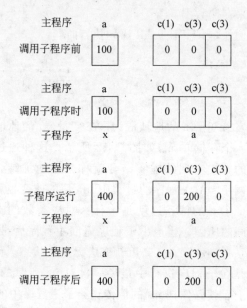

图 7.13　示例运行结果窗口　　　　图 7.14　数组元素和变量作为实参时程序运行过程

2. 表达式或常量作为实参

当实参是表达式或常量时,先对表达式求值,然后把所求得的值或常量值放在一个临时存储单元中,进行虚实结合。在这种情况下,运行子程序的过程中,对应虚参改变时,此临时地址中的内容也做相应改变,这将会引起很大麻烦。因此在这种情况下,要求在子程序中不能改变与表达式(或常量)对应的虚参的值,否则会报语法错误。

3. 虚参和实参是字符型变量

要求虚参的长度定义应当遵循以下两条规则之一:

(1) 虚参字符型变量的长度定义必须小于等于对应实参变量的长度。

（2）虚参字符型变量的长度可用（ * ）来定义，表示长度不定。当调用子程序时，具有不定长度的虚参变量自动定义成为与对应实参具有同样的长度。例如，以下程序中：

```
program  main                subroutine sub(ch)
character str1 * 8, str2 * 40    character * (*)ch
    ⋮                             ⋮
call sub(str1)
call sub(str1)                    end
    ⋮
end
```

在子程序 sub 中虚参 ch 为不定长字符串变量，当主程序第一次调用 sub 子程序时，由于实参 str1 的长度为 8，因此虚参 ch 的长度也为 8。当主程序第二次调用 sub 子程序时，由于实参 str2 的长度为 40，因此虚参 ch 的长度也为 40。由此可以看出，将字符型虚参变量定义成不定长，将使子程序具有更大的适应范围，使子程序更具有通用性。

7.4.2　数组作为虚参时的虚实结合

虚参是数组名时，则对应的实参必须是数组名或数组元素。以下将区分各种情况加以说明。

1. 虚参和实参数组是数值类型或逻辑类型

在调用子程序时，实参是数组名时两个数组按地址结合，即把实参数组的第 1 个元素的地址传送给子程序作为虚参数组中的第 1 个元素的地址，从而导致了它们共用一个存储单元。并且虚参数组的其余元素将与该实参数组元素后的元素按排列顺序一一对应结合。

例如，当有下面的调用和被调用程序语句时：

```
integer  aa(2: 10)           subroutine sub(da)
    ⋮                          integer da(-5: 5)
call  sub(aa)                     ⋮
    ⋮
```

图 7.15 为一维数组中实参数组和虚参数组的虚实结合示意图。

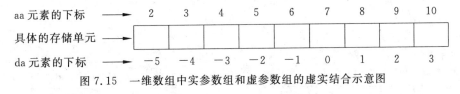

图 7.15　一维数组中实参数组和虚参数组的虚实结合示意图

上面子例行程序中对 da 数组的定义还可以改写为：

```
integer  aa(2: 10)           subroutine  sub(da)
```

```
        ⋮                           integer  da(-5: *)
call  sub(aa)                           ⋮
```

aa 和 da 虚实结合的情况与图 7.15 所示的完全相同。

在子程序中可以用 * 号作为虚参数组的数组说明符中最后一维定义的上界。它的作用是：可以使所定义的虚参数组的大小和与之对应的实参数组的大小完全相同，也就是说，当子程序被调用时，虚参数组的大小是假定的，假定它与所对应的实参数组大小相同。这种带有 * 号的数组说明符称为假定大小的数组说明符，只能在子程序中对虚参数组使用。

当与虚参数组对应的实参是数组元素时，在实现虚实结合时，该数组元素把地址传送到子程序作为虚参数组中第一个元素的地址从而实现两个数组之间的虚实结合。于是实参数组的下一个元素与虚参数组中的第二个元素结合，依此类推。图 7.16 所示为下面程序语句所实现的虚实结合的情况。

```
real   aa(10)                       subroutine  sub(da)
          ⋮                            dimension  da(0: 5)
   call  sub(aa(4))                       ⋮
          ⋮
```

aa 元素的下标
具体的存储单元
da 元素的下标
1 2 3 4 5 6 7 8 9 10
× × × ×
0 1 2 3 4 5

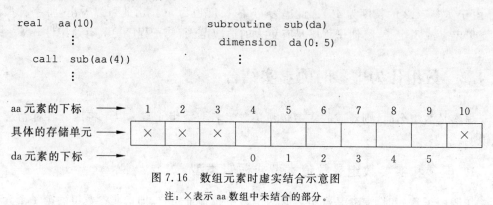

图 7.16　数组元素时虚实结合示意图

注：× 表示 aa 数组中未结合的部分。

图 7.17 为不同维数情况下，虚参数组和实参数组结合示意图。

```
program main
dimension a(2,4)
     ⋮
call  sub(a)
     ⋮
end

subroutine sub(b)
subroutine sub(b)
dimension  b(6)
     ⋮
end
```

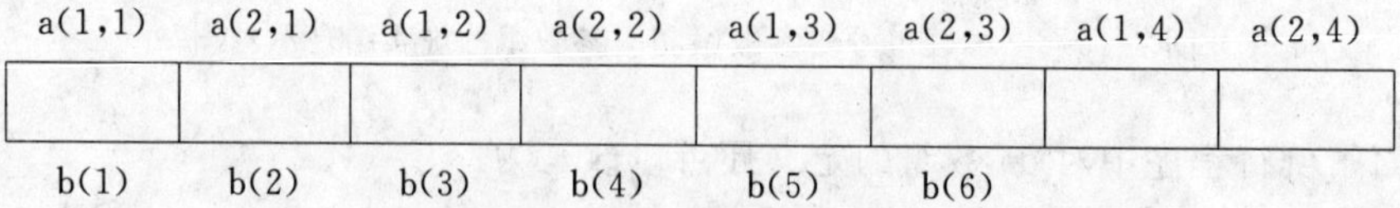

a(1,1) a(2,1) a(1,2) a(2,2) a(1,3) a(2,3) a(1,4) a(2,4)
b(1) b(2) b(3) b(4) b(5) b(6)

图 7.17　维数不同时虚参数组和实参数组结合示意图

图 7.18 为 3×3 的实参数组和 2×2 的虚参数组结合示意图。

```
program main
dimension a(3,3)
       ⋮
call  sub(a)
       ⋮

    end

subroutine sub(b)
dimension  b(2,2)

end
```

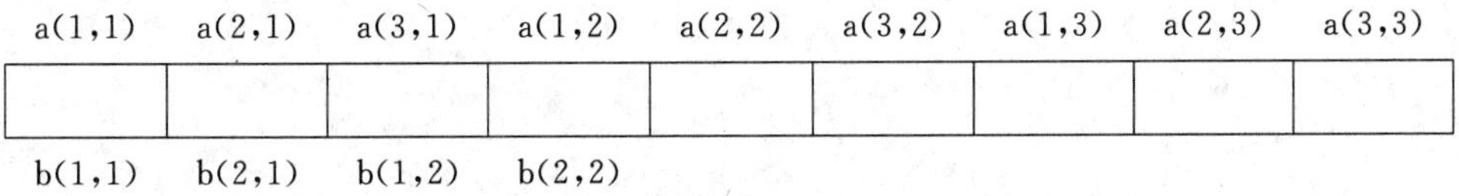

a(1,1)
a(2,1)
a(3,1)
a(1,2)
a(2,2)
a(3,2)
a(1,3)
a(2,3)
a(3,3)
b(1,1)
b(2,1)
b(1,2)
b(2,2)

图 7.18　3×3 的实参数组和 2×2 的虚参数组结合示意图

注意：在子程序中说明虚参数组时，它的元素个数必须小于等于对应实参数组中元素的个数，即虚参数组的最后一个元素必须落在实参数组中，否则会出现错误，如图 7.19 所示。虚参数组总是按照内存排列顺序与实参数组相结合的。

```
program main
dimension a(6)
       ⋮
call  sub(a(3))
       ⋮
end

subroutine sub(b)
dimension  b(6)
       ⋮
end
```

若程序中引用了 b(5)、b(6)，则因已超出对应实参数组的范围而出错。

a(1)
a(2)
a(3)
a(4)
a(5)
a(6)
b(1)
b(2)
b(3)
b(4)
b(5)
b(6)

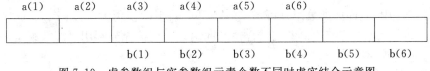

图 7.19　虚参数组与实参数组元素个数不同时虚实结合示意图

图 7.19 中，虚参数组的元素已超出对应实参数组的范围，将引起运行错误。

虽然虚实结合的数组允许维数不同,下标的上下界不同,但在这种情况下由于对应元素使用的下标完全不同,使得程序很难读懂,也很容易造成一些隐蔽的错误,因此应该尽量避免出现这种情况。

2. 虚参数组和实参数组是字符型

这时,虚参数组和实参数组不是按数组元素的顺序一一对应结合,而是按字符位置一一对应结合。虚参数组中允许的字符总数必须小于等于实参数组中允许的字符总数。在此条件下,实、虚数组的维数可以不同,下标的上、下界可以不同,数组元素的字符长度也可以不同。图 7.20 所示为字符型数组结合示意图。

```
program main
character * 4 b(6)
        ⋮
call    sub(b)
        ⋮

end

subroutine sub(c)
character * 5   c(4)
        ⋮
end
```

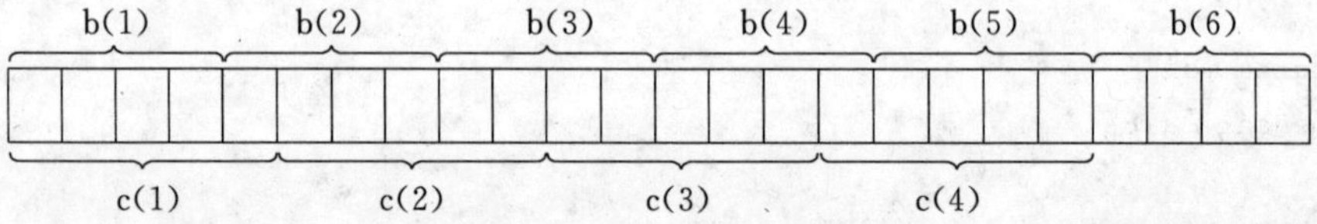

图 7.20　字符型数组结合示意图

通常,除非特殊需要,虚参字符数组元素的长度应该与对应实参相同,这样的程序不仅可读性好,而且易于调试检查。

与虚参字符数组对应的实参也可以是一个字符型数组元素,虚参字符数组的第一个字符与该元素的第一个字符结合,依此类推,只是虚参字符数组中最后一个字符必须落在对应实参数组的范围内。

3. 虚参数组是可调数组

在子程序中,允许虚参数组是可调数组。可调数组的使用大大提高了子程序的通用性和灵活性。读者在了解数组虚实结合情况的基础上应该充分利用可调数组这一强有力的工具来进行程序设计。

【例 7-10】　设计一个子程序,求任意的矩阵转置。

分析:设计一个子例行程序 tran(a,b,m,n),将矩阵 a 转置后放入矩阵 b,其中 m、n 是矩阵 a 的行数和列数。

程序编写如下：

```
program exam7_10
parameter(m=3,n=4)
integer a(m,n),b(n,m)
print *,"输入一个3*4的矩阵："
do i=1,m
  read *,(a(i,j),j=1,n)
enddo
call tran(a,b,m,n)
print *,"转置后的矩阵"
do  i=1,n
  print *,(b(i,j),j=1,m)
enddo
end

subroutine tran(a,b,m,n)
integer a(m,n),b(n,m)
do i=1,m
  do j=1,n
    b(j,i)=a(i,j)
  enddo
enddo
end
```

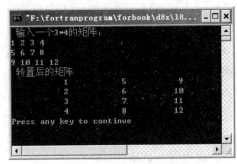

图 7.21　例 7-10 运行结果

程序运行结果如图 7.21 所示。

程序中，子程序中虚参数组 a 和 b，由虚参数变量 m、n 定义，这样的数组称为可调数组。例 7-9 中的虚参数组也是可调数组。

可调数组名必须是虚参。可调数组中每一维的上、下界可以是整型虚参变量，其值通过对应的实参传递过来；也可以是公用区变量（公用区变量将在后面讲到）。为了使程序清晰易读，建议采用虚参变量来说明可调数组的上、下界而不用公用区变量。只能在子程序中使用可调数组，而且对于那些只是在子程序中局部使用的（并非通过虚实结合传递的）数组不允许是可调的。

7.4.3　子程序名作为虚参时的虚实结合

在 FORTRAN 中，除了可以传递变量、数组和字符以外，还可以将函数名和子例行程序名传递给虚参。FORTRAN 编译程序完全根据某个虚参名字在子程序中出现时的上下文关系来确定它是函数名还是子例行程序名。函数名在必要时应该进行类型说明。

【例 7-11】　分别调用函数 func（自定义函数子程序）和 sin（标准函数）求解函数值。

程序编写如下：

```
program program exam7_11
external func
```

```
intrinsic sin
call exf(func)
call exf(sin)
end

subroutine exf(f)
print * , f(1.0)
end

function func(x)
func=x**3+2 * x+4
end
```

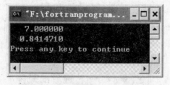

图 7.22　例 7-11 运行结果

程序运行结果如图 7.22 所示。

执行程序后会得到 func(1.0)和 sin(1.0)的值。

程序中主程序的第 2 行使用了 external,这是用来说明 func 是一个自定义的函数子程序名,而不是一个变量。第 3 行的 intrinsic 是用来说明 sin 是 FORTRAN 的标准函数,而不是变量。程序中的 external 和 intrinsic 都不能省略,因为在这里要把函数名称当做参数进行传递。如果只是调用函数来进行计算,而不需要进行虚实结合的话,声明 func 的 external 可以省略,而在符合隐含 I-N 规则时,声明语句可以省略,声明 sin 的这一行则可以完全省略。

第 4、5 行执行了两次调用子程序 exf,分别把自定义函数子程序 func 和标准函数 sin 进行传递。

子程序 exf 中会执行传递过来的函数。第一次调用传递过来的是 func 函数,子程序中虚参 f 和 func 函数名结合,在子程序中执行语句 print * , f(1.0),就是执行 print * , func(1.0),因此输出的是 func(1.0)的值。

第二次调用传递的是 sin 函数,所以输出的是 sin(1.0)的值。

实参是子程序名时要注意以下 3 点:

(1) external 语句和 intrinsic 语句都是说明语句,它们用来说明本程序单元中哪些名字是用户自定义子程序名或标准函数名。在主调程序单元的调用中,实参是子程序名时,必须对实参进行声明。在 intrinsic 语句中说明的名字必须是 FORTRAN 中合法的标准函数名;在 external 语句中说明的名字必须代表本程序中确实存在的子程序名。

(2) 虚参是子程序名,不需要对它们用 external 语句和 intrinsic 语句说明。

(3) 在子程序虚参中出现的函数名或子例行子程序名只是起形式上的作用,实际不存在,必须通过实参将子程序名传递过来。

7.4.4　星号(*)作为虚参

当虚参表中出现一个 * 号时,对应的实参应该是一个冠有 * 号的语句标号。

例如:

```
      program main                    subroutine exam(a, * , * )
         ⋮                            if(…)then
120   x=x1+x2                            ⋮
         ⋮                                return 1
      call exam(x, * 120, * 140)     else if(…)then
         ⋮                                ⋮
140   …                                  return2
      end                            end if
                                        ⋮
                                     end
```

在 call exam(x, * 120, * 140)语句中,与虚参第一个 * 号对应的语句标号为 120,与虚参第二个 * 号对应的语句标号为 140。在执行 exam 子例行程序时,如果遇到 end 语句,执行的流程将按正常情况返回到调用语句的后继语句去继续执行。当遇到 return1语句时,执行的流程返回主程序并跳到与第一个 * 号对应的语句标号 120 去继续执行。当遇到 return2 语句时,执行的流程返回主程序并跳到与第二个 * 号对应的语句标号 140去继续执行。

用 * 号作为虚参将使子程序用一个入口而有多个出口,这种返回方式不符合结构化程序设计的要求,因此除非特殊需要,一般不主张采用。

7.4.5　子程序中变量的生存周期

子程序中用到的所有变量,在被调用前通常都没有确定的存储单元,称这些变量在子程序没有被调用时是无定义的。每当子程序被调用时,会临时给子程序的变量分配存储单元,而在退出子程序时这些存储单元会被释放并重新分配另做它用,因此与之对应变量的值都不被保留。在下一次进入子程序时,给这些变量分配的可能会是另外的存储单元(与上一次调用分配的存储单元可能不同),上次调用时的值已经不复存在。这说明在子程序中的变量,它的生存时间只有在这个子程序被调用执行的这一段时间中。

在子程序中可以通过 save 语句来改变变量的生存时间,延长变量的生存周期,保留住变量中所保存的数据。这些变量可以在程序执行中永久记住上一次子程序被调用时所设置的数值,直到整个程序执行完成。

【例 7-12】　改变变量的存储周期。

```
Program program exam7_12
do i=1,3
  call sub()
enddo
end

subroutine sub()
integer:: a=1
save a
```

```
print *,a
a=a+1
end
```

程序运行结果如图 7.23 所示。

图 7.23 例 7-12 运行结果

在子程序中用 save 语句改变了变量 a 的生存周期，将 a 的生存周期延长到整个程序的执行过程。每次调用 sub 时，a 都会记得上一次被调用时所留下来的值。

这里需要注意，变量的初值只会设置一次，并不是每次调用子程序 sub 时都会重新设置。

在 FORTRAN 中，可以将 save 和类型说明语句写在一行，可以写为：

```
integer,save ::a=1
```

注意：FORTRAN 标准并没有强制规定，没有使用 save 的变量就不能永远记住它的数值。它只是规定加 save 的变量生存周期是整个程序的执行周期。事实上 Visual Fortran 编译器会不管声明中有没有加 save，都会让变量永远记住数值。不过为确保程序的正确，增加代码的可移植性，在需要的地方还是要加上 save 语句。

7.5 特殊的子程序类型

7.5.1 递归子程序

递归是一种很有用的数学思想，可以使一些无穷概念的处理更为简单。在程序设计中，所谓递归，就是允许在子程序中直接或间接地调用自身，这种调用过程称为递归。这种子程序称为递归子程序。递归子程序有两种，即递归函数和递归子例行程序。Fortran 90 以前的版本不支持递归子程序。

递归子程序的定义与普通子程序的定义相似，只是必须在 function 语句或 subroutine 语句之前加一个 recursive 关键字，构成递归说明语句。如果是直接调用（也就是函数名出现在函数体内），就必须在 function 语句之后加一个 result 子句。

【例 7-13】 利用递归函数计算 $n!$。

分析：$n!$ 可定义为递归公式：

$$n! = \begin{cases} 1 & n = 0,1 \\ n*(n-1)! & n > 1 \end{cases}$$

定义一个求阶乘的函数 factorial，调用 factorial 函数来求 $n!$，当 $n > 1$ 时，根据公式只要再调用函数 factorial，求出 $n-1$ 的阶乘就可以得到计算结果，这样就会产生递归调用过程，因此需要定义递归函数子程序。

程序编写如下：

```
program exam7_13
```

```
read *,n
print *, factorial(n)
end

recursive   function   factorial(n) result(fac)
integer n
if(n<0) then
    fac=-1                          !n 值不合理
else if(n==1.or.n==0) then
    fac=1
else
    fac=n * factorial(n-1)
end if
end
```

图 7.24   例 7-13 运行结果

程序运行结果如图 7.24 所示。

通过上面的程序可以看到,主程序部分没有什么特别功能,只是用来调用 factorial 函数。函数 factorial 的开头,用 recursive 来说明这个子程序可以递归调用。

递归函数的一般形式如下:

             ———— 加上recursive的函数才能进行递归调用

recursive   function 函数名([形参表]) result(函数结果名表)
        ⋮
        调用该函数本身   用来使用另一个变量设置函数的返回值
        ⋮

      end [function [函数名]]

程序中用 fac 来存放函数的中间结果,它的类型与函数名要相同。在退出函数子程序返回到调用程序单元之前,FORTRAN 会自动将该变量的值赋值给函数名。每个自定义函数都可以用 result 来改用另一个变量设置返回值。FORTRAN 标准中,递归函数一定要用 result 来设置另一个变量存放计算结果,不过有些编译器可以执行没有 result 的递归函数。

使用递归函数子程序要有很明晰的逻辑概念,通过求 $n!$ 的公式可以看到:

当 $n>1$ 时,$n!=n*(n-1)!$

程序中调用函数子程序 factorial 来计算 $n!$ 时,是通过调用 factorial 函数(自身)求 $(n-1)!$ 后,利用公式 $n*(n-1)!$ 来求出 $n!$ 的。程序中第 11 行就是执行的这种操作。

递归调用时要有一个明确的"终点",用来停止递归。否则会造成子程序不停地调用自己来执行,从而会导致程序死机。

程序中在递归调用开始前假设判断:

(1) 若 $n<0$,则 n 值不合理,不进行计算。

(2) 若 $n=1$ 或 $n=0$,则 $n!=1$,这是已知的阶乘结果,也不再计算。这个条件就是递归的结束条件,在第 11 行中,每次调用 factorial$(n-1)$ 会将 n 的值逐渐减少,当 $n\leqslant 1$ 时,递归不再执行。

图 7.25 给出了计算阶乘的程序执行流程。每一次调用函数子程序 factorial 时，它的变量 n、fac 都是独立的。图 7.25 中用 f 表示 factorial 函数子程序。

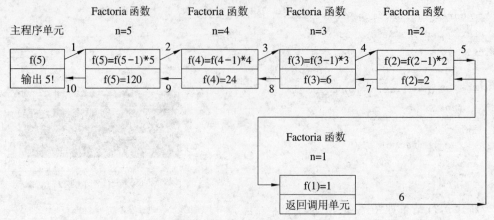

图 7.25　计算阶乘的程序执行流程

函数子程序 factorial 共被调用 5 次，其中 factorial(5) 是在主程序单元被调用，其余 4 次是在 factorial 中被调用，即递归调用 4 次。

【例 7-14】　利用递归子例行程序计算 $n!$。

程序编写如下：

```
program exam7_14
read * ,n
call facsub(n,f)
print * , f
end

recursive subroutine facsub(n,fac)
integer n
if(n<0) then
   fac=-1              !n 值不合理
else if(n==1.or.n==0) then
   fac=1
else
   call facsub(n-1,fac)
   fac=n*fac
end if
end
```

图 7.26　例 7-14 运行结果

程序运行结果如图 7.26 所示。

程序执行过程和上例一样，只是用 call 语句调用递归的子例行程序。在子例行程序中不需要 result，而是直接设置参数变量来保存中间计算结果，通过虚实结合将计算结果返回到主程序单元。

递归子例行程序的一般形式如下：

```
recursive subroutine 子程序名 ([形参表])
        ⋮
        调用该函数本身
        ⋮
end subroutine 子程序名
```

递归调用的思想在于简化复杂的问题，精简程序代码。用递归的方法计算阶乘，并不会比循环来得好。这里只是示范递归的使用方法和思路。不过，有些问题的处理是必须要通过递归来完成的。

7.5.2 内部子程序

Fortran 95 中还可以将子程序定义在某些程序单元的内部，将子程序做一个归属，这样的子程序不再是一个独立的程序单元，而是一个内部子程序。一般形式如下：

```
program main (或 function 或 subroutine)
  ⋮
contains ◀──────────────────── 内部子程序要在contains后面书写
    subroutine localsub
        ⋮        ▲──────────── localsub只能在包含它的程序单元中被调用
    end subroutine localsub
    function localfunc
        ⋮        ▲──────────── localfunc只能在包含它的程序单元中被调用
    end function localfunc
end [program] (/function/ subroutine)
```

除了内部子程序所在的程序单元以外，内部子程序不能被其他程序单元调用。

【例 7-15】 将例 7-14 改写为内部子程序调用形式。

```
program exam7_15
read *,n
call facsub(n,f)
print *, f
contains
  recursive  subroutine  facsub(n,fac)
  if(n<0) then
    fac=-1                          !n值不合理
  else if(n==1.or.n==0) then
      fac=1
  else
      call facsub(n-1,fac)
      fac=n*fac
  end if
  end subroutine
```

end

程序运行结果同例 7-15。子程序 facsub 只能在主程序单元中被调用。

使用内部子程序时应注意以下 4 点：

（1）一个主调程序单元可以包含多个内部子程序。内部子程序必须写在 contains 后，end 语句之前。内部子程序的书写顺序任意。

（2）内部子程序的名字不能作为其他子程序的实参。

（3）内部子程序只能被它所在的程序单元或同一程序单元的其他内部子程序调用。

（4）同一个程序单元中内部子程序可以平行定义多个，但内部子程序之间不能嵌套定义。

7.6　数据共用存储单元与数据块子程序

不同的程序单元之间，除了可以通过传递参数（虚实结合）的方式来交换数据以外，还可以通过共用存储单元来让不同程序单元中的变量使用相同的存储空间的方式来传递数据。

7.6.1　等价语句

等价语句（equivalence 语句）是说明语句，它必须出现在程序单元的可执行语句之前。它的作用是让同一个程序单元中的两个或更多的变量共用同一个存储单元。这里需要特别强调的是同一个程序单元。因此，主程序和子程序、子程序和子程序之间的不同变量不能用 equivalence 语句来指定共用存储单元。等价语句的形式如下：

equivalence(变量表 1),(变量表 2),…

等价语句后面的每一对括号之间用逗号隔开。每一对括号内的变量表中，可以是变量名、数组名或数组元素，至少应该有两个变量名出现，它们之间用逗号隔开，但不允许出现虚拟参数名。例如：

equivalence(w,st)

这条语句指定本程序单位中的变量 w 和 st 同占一个存储单元，通常称 w 和 st 等价。

利用等价语句可以节省内存，也可以允许程序员用两个或更多的变量名代表同一个量，来简化程序的修改，更重要的是在有些地方可以简化程序的设计。

【例 7-16】　设计一个子例行程序，对一个二维数组按存储结构的顺序排序。

分析：一维数组的排序方法在前面已经学过，这里设计一个与二维数组等价的一维数组，对一维数组排序相当于对二维数组排序，从而简化程序的设计。

程序编写如下：

program exam7_16

```
parameter (n=3,m=4)
integer a(n,m),b(n*m)
equivalence (a,b)
read *,iseed
do i=1,n
  do j=1,m
  a(i,j)=int(ran(iseed)*100)
  enddo
enddo
print *,"排序前的数组："
do i=1,n
print "(<m>i4)",(a(i,j),j=1,m)
enddo
call sort(n*m,b)
print *,"排序后的数组："
do i=1,n
print "(<m>i4)",(a(i,j),j=1,m)
enddo
end

subroutine sort(n,a)
integer a(n),t
do i=1,n-1
  do j=1,n-i
    if(a(j)>a(j+1))then
      t=a(i)
      a(i)=a(j)
      a(j)=t
    endif
  enddo
enddo
end
```

图 7.27　例 7-16 运行结果

程序运行结果如图 7.27 所示。

使用等价语句时应注意以下 3 点：

（1）等价语句每对括号中的变量可以具有不同类型，但是由于不同类型的变量数据存储形式不同，因而定义这种等价关系没有意义。

（2）不能利用等价语句建立矛盾的等价关系。例如：

```
dimension a(10)
equivalence(a(1),b(2)),(a(3),b(2))
```

是错误的。

（3）等价语句只能建立同一个程序单元的等价关系。

7.6.2 公用语句

公用语句(common语句)用来定义一块共享的内存空间,从而进行数据传递。

【例7-17】 将例7-16用common语句来实现。

程序编写如下:

```
program exam7_17
parameter (n=3,m=4)
integer b(n,m)
common b
read *,iseed
do i=1,n
  do j=1,m
  b(i,j)=int(ran(iseed)*100)
  enddo
enddo
print *,"排序前的数组:"
do i=1,n
print "(<m>i4)",(b(i,j),j=1,m)
enddo
call sort()
print *,"排序后的数组:"
do i=1,n
print "(<m>i4)",(b(i,j),j=1,m)
enddo
end


subroutine sort()
parameter(n=12)
integer a(n),t
common a
do i=1,n-1
  do j=1,n-i
    if(a(j)>a(j+1))then
      t=a(i)
      a(i)=a(j)
      a(j)=t
    endif
  enddo
enddo
end
```

程序运行结果如图7.28所示。

图7.28 例7-17运行结果

这个程序中,主程序单元和子程序单元都出现了一个新的命令 common,放在 common 后的变量会占用同一个存储区间(公用区),因此二维数组 b 和子程序单元的一维数组 a 共同占用同一个存储区间,对 b 数组的操作也就是对 a 数组的操作,反之亦然。

例 7-16 中是在同一个程序单元中将二维数组等价成一维数组后通过参数传递进行排序,而本程序中是通过 common 来将不同程序单元的变量(数组),通过公用区(地址对应)进行数据共享。

FORTRAN 程序中有两种公用区。一种是无名公用区,一种是有名公用区。任何一个程序中只能有一个无名公用区。一个程序中可以根据需要由程序员开辟任意多个有名公用区。

1. 无名公用区

开辟无名公用区的 common 语句一般形式如下:

common 变量表…

变量表中允许是普通变量名、数组名和数组说明符(注意:并不是数组元素),它们之间用逗号隔开。例如:

在主程序中写:common x,y,i,z(3)

在子程序中写:common a,b,j,t(3)

主程序在无名公用区中定义了实型变量 x 和 y,数组 z 及整型变量 i,在子程序中则在无名公用区中定义了实型变量 a 和 b,数组 t 及整型变量 j。FORTRAN 编译程序在编译时为以上的 common 语句开辟一个无名公用区,不同程序单元在 common 语句中的变量按其在语句中出现的先后顺序占用无名公用区连续的存储单元。因此 x 和 a,y 和 b,i 和 j,以及数组 z 和 t 分别被分配在同一个存储单元中。其中数组 z 和 t 共同占三个存储单元,如图 7.29 所示。

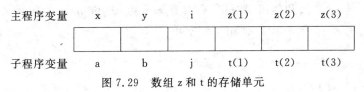

图 7.29 数组 z 和 t 的存储单元

从图 7.29 中可以看到,对于同一个存储单元,主程序以名字 x 调用,而子程序以名字 a 调用,通过这种方法建立起 x 和 a 的联系。如果在子程序中想要传递数据给主程序的 x 变量,只需要向 a 赋予要传递的值即可,反之亦然。

common 语句开辟公用区的主要用途就是使不同程序单元的变量之间进行数据传递。只要把需要传递数据的变量按顺序分别放在各自程序单元的 common 语句中,也就是说按一一对应的关系放在公用区中,就可使两个不同程序单元之间的变量建立起数据联系。

以下两个例子都是利用子例行程序解一元二次方程的两个根,虽然主程序和子程序之间数据传递的方式不同,但它们的效果都是一样的。

例 1：通过虚实结合进行数据传递。

主程序：

```
read(*,*)a1,a2,a3
call quad(a1,a2,a3,z1,z2)
write(*,*)z1,z2
end
```

子程序：

```
subroutine quad(a,b,c,x1,x2)
p=-b/(2.0*a)
q=sqrt((b*b-4.0*a*c)/(2.0*a))
x1=p+q
x2=p-q
end
```

例 2：通过公用区进行数据传递。

主程序：

```
common z1,z2,a1,a2,a3
read(*,*)a1,a2,a3
call quad
write(*,*)z1,z2
end
```

子程序：

```
subroutine quad
common x1,x2,a,b,c
p=-b/(2.0*a)
q=sqrt((b*b-4.0*a*c)/(2.0*a))
x1=p+q
x2=p-q
end
```

在程序设计中，通常采用通过虚实结合和公用区两种方式交换数据。当需要传递数据的变量不多，而且只有少数几个程序单元需要使用这些数据时，就用虚实结合的方式。当需要传递大批数据，或是有很多个不同程序都需要使用这些数据时，就使用 common 语句。

建立无名公用区的 common 语句的使用规则和特点：

（1）common 语句是说明语句，必须出现在所有可执行语句之前。common 语句中只允许出现变量名、数组名和数组说明符，后者意味着可用 common 语句定义数组，此数组必然是放在公用区中，例如以下 common 语句：

```
common a,b,np(15),loc(2,4)
```

就相当于以下两条语句：

```
dimension np(15),loc(2,4)
common a,b,np,loc
```

（2）由于公用语句中的变量在编译时已被分配在实在的存储单元中，因此在公用语句中不能出现虚拟参数、可调数组，但是可调数组的维的上、下界变量可以通过 common 语句传递，当然这些变量就不再允许出现在虚参表中。例如：

```
subroutine  sub(a,b)
common   na,nb
dimension a(na),b(nb)
     ⋮
```

为了程序清晰起见,通常不提倡采用这种方式,而是希望通过虚实结合来传递与可调数组有关的全部量。

(3) 一个程序在运行过程中只有一个无名公用区。在同一个程序单元中可以出现几个 common 语句,它们的作用相当于一个。FORTRAN 编译程序按 common 语句在同一程序单元中出现的先后次序把语句中的变量按顺序放在无名公用区的存储单元中。例如:

在主程序中有以下语句:　　　　　　　在子程序中有以下语句:

```
common a,b,c,d              common a1,b1,c1,d1
common a1,b1,c1,d1          common a,b
                           common c
```

变量在无名公用区中的存储分配情况如图 7.30 所示。

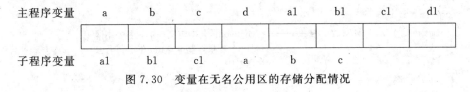

图 7.30　变量在无名公用区的存储分配情况

(4) 各程序单元 common 语句中的变量类型必须按位置一一对应一致才能正确传递数据。

(5) 在一个程序单元中,分配在公用区中的名字只能在公用语句中出现一次。例如:

```
common a,b,c
common a1, b1,a
```

是错误的,因为变量 a 在公用语句中出现了两次。

(6) 各程序单元中,无名公用区中的变量个数可以不一样,但只在前面相对应的变量才建立起对应关系。

(7) 不要混淆 equivalence 语句和 common 语句的作用。equivalence 语句是给同一程序单元中的不同变量分配同一个存储单元;而 common 语句则用于给不同程序单元的变量分配同一存储单元。因此不允许在同一程序单元中写:

```
common a,b,c
equivalence (a,b)
```

因为 common 语句把变量 a、b、c 分配在公用区相邻的三个存储单元中,而 equivalence 语句却又要把 a、b 分配在同一个存储单元中,这是矛盾的,因此禁止以上写法。

2. 有名公用区

由于无名公用区中各程序单元之间数据传递按公用区中变量名的排列顺序一一对应进行,这虽解决了程序单元之间的数据迅速传递,但也会在程序设计时出现新的麻烦。

例如：

```
program main
  common i,j,k,l,m,n ◄──────── 在common语句中定义了6个整型变量
  ⋮
end
```

```
subroutine sub( )
  common n1,n2,n3,n4,n5,k ◄───── 假设子程序中只使用k和主程序的n传
  ⋮                               递数据，为了保证一一对应的关系，
end                              仍需要给出前面5个变量，才能将变量
                                 k和n对应起来
```

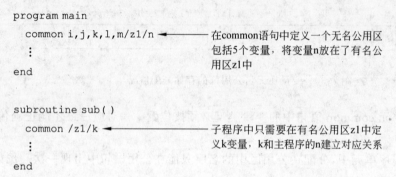

这种麻烦在公用区变量多的情况下更为复杂。用一个办法可以解决这一问题。这就是将变量归类，放在彼此独立的 common 区间中。针对上面的情况，可以改为：

```
program main
  common i,j,k,l,m/z1/n ◄───── 在common语句中定义一个无名公用区
  ⋮                             包括5个变量，将变量n放在了有名公
end                            用区z1中
```

```
subroutine sub( )
  common /z1/k ◄───────── 子程序中只需要在有名公用区z1中定
  ⋮                        义k变量，k和主程序的n建立对应关系
end
```

FORTRAN 提供有名公用区来进行归类。将各程序单元之间需要传递数据的变量放在某个名字的公用区中。这样一来，利用有名公用区就避免了无名公用区的弊病，使之做到公用之中有"专用"，人们只需在各程序单元中做到同名公用区中数据顺序一一对应就行了。有名公用区的使用不仅保留了各程序单元之间数据的快速传递，也使程序得到了简化。

common 语句说明有名公用区的一般形式如下：

common /公用区名 1/变量表 1,…/公用区名 2/变量表 2,…

公用区名放在两个斜杠之间，取名规则与变量相同。公用区名可以和本程序单元中的变量同名，但不允许和子程序同名。也可以用两个连续的斜杠来表示无名公用区，例如：

common r,x,y,z /c2/a,b,c

也可以写为：

common //r,x,y,z /c2/a,b,c

或者

common /c2/a,b,c//r,x,y,z

说明有名公用区的规则与说明无名公用区的规则基本相同。

7.6.3　数据块子程序

common 中的变量不能直接在子程序或主程序中使用 data 来赋初值,需要通过在 block data 程序模块中使用 data 语句来赋初值,block data 程序模块称为数据块子程序。它是一种特殊的子程序,只是用来给公用区中的变量赋初值。数据块子程序是一个独立的程序单元,可以单独进行编译。

【例 7-18】 数据块子程序应用示例。

```
program exam7_18
common i,j
common /z1/k,l
common /z2/m,n
print *,a,b
print *,k,l
print *,m,n
end

block data                          !数据块子程序
common i,j                          !i、j 定义在无名公用区中
common /z1/k,l                      !k、l 定义在有名公用区 z1 中
common /z2/m,n                      !m、n 定义在有名公用区 z2 中
data i,j/1,2/                       !给 i、j 赋初值
data k,l/3,4/                       !给 k、l 赋初值
data m,n/5,6/                       !给 m、n 赋初值
end block data
```

程序运行结果如图 7.31 所示。

数据块子程序的说明形式和说明规则如下:

(1) 数据块子程序必须以 block data 作为第一个语句,以 end 作为最后一个语句。说明形式如下:

图 7.31　例 7-18 运行结果

```
block  data  [子程序名]
    变量定义语句
    common 语句
    data 语句
end
```

(2) 数据块子程序只是用来给公用区中的变量赋初值,不能被别的程序单元调用。

(3) 数据块子程序中不允许出现可执行语句,只允许出现 data、common、dimension、equivalence 和类型说明语句。其中 data 语句和 common 语句是必不可少的。

(4) 指定的某个公用区中的所有变量(即使其中有些变量并不要求在 data 语句中赋

初值),都必须一一按顺序列在 common 语句中。例如：

```
block  data
dimension a(10),b(5)
common/com/a,x,y,z,b,i
integer x,y,z
data x,y,z/3 * 0/,b/5 * 0.0/
end
```

这是一个完整的数据块子程序。虽然 data 语句中只需要给 com 公用区中 x、y、z 变量和 b 数组的元素赋初值,但仍然要列出 com 公用区中的所有变量(名字可任意,类型必须对应一致)。

(5) 一个 FORTRAN 程序可以包含任意多个数据块子程序,但每个公用区中的变量只能在一个数据块子程序中赋一次初值,不允许把一个公用区中的变量分在几个数据块子程序中赋初值。

习 题 7

1. 指出下列错误的语句函数定义：

(1) $f(x,y)=(x+y)/(x*y)+7.0$

(2) $f(i,j,6)=3*i+2*j+0.5*6$

(3) $h(a,b,c(i))=sin(a)+sin(b)+c(i)$

(4) $s(a,b,c)=a*b+s(a*a,b,c)$

2. 若有以下的语句函数：

$p(a,b,c)=a+b*c$

用 $p(2.0,3.0,p(2.0,1.0,3.0))$ 调用后的值是_____。
A. 17.0   B. 11.0   C. 20.0   D. 29.0

3. 下列程序的运行结果是什么？

(1)

```
dimension a(4)              function nf(k,x,y)
data a/1.1,2.2,3.3,4.4/     nf=x+y
n=3                         k=k+1
print * , (a(i),i=1,4)      end
print * ,nf(n,a(n),a(n+1)),n
print * , 'n=',n
end
```

(2)

```
integer a(3, 4), b(4, 3)    subroutine sub(a,b)
```

```
data a/3 * 1, 3 * 2, 3 * 3, 3 * 4/          integer a(3, 4) ,b(4, 3)
call sub(a,b)                               do i=1,3
print 10, ((b(i,j),j=1,3),i=1,4)               do j=1, 4
10 format (1x, 3i4)                               b(j, i )=a(i, j )
end                                            enddo
                                             enddo
                                            end
```

(3)

```
common a,b,c,d                              subroutine abcd(n)
a=1.0                                       common b,c,d,a
b=2.0                                       if(n.gt.0) then
c=3.0                                           b=a
d=4.0                                           c=d
call abcd(2)                                endif
write(*,*)a,c                               end
end
```

(4)

```
dimension x(5)                             subroutine  sub
common a,b,x                               common r,y,t(6)
a=-2.3                                      print *, r,y,t
b=2.6                                       end
do i=1,5
  x(i)=a*i
enddo
call  sub
end
```

4. 下列关于等价语句的使用中,不正确的是_____。

(1) dimension a(6),b(10)　　　　　　(2) dimension a(2,3) b(4)
　　equivalence (a(1),b(2)),(a(3),b(3))　　　equivalence (a(2,1), b(1))

(3) dimension a(2,3) b(2,2)　　　　　(4) demension a(2,3) b(6)
　　equivalence (a(1,2),b(1,1))　　　　　equivalence (a, b)

5. 编写函数子程序 power$(i,k)=i^k$

$$sop(n,k) = \sum_{i=1}^{n} power(i,k)$$

调用子程序求解 $\sum_{x=1}^{n} x^k$,k 和 n 的值由键盘输入。

6. 编写一个函数子程计算所输入的两个整数 m、n 的最大公约数。

7. 编写函数子程序输入一个十六进制数,输出相应的十进制数。

8. 有 a、b 两个数列,编写一个子例行程序从 a 中删去在 b 中出现的数,在主程序中输出修改前的 a、b 数列及修改后 a 数列。

9. 编写子程序,输出利用1角、2角和5角的硬币组成1元钱的各种方法。输出格式为:

方法号	1角硬币个数	2角硬币个数	5角硬币个数
1	10	0	0
2	8	1	0
3	6	2	0

...

10. 角夫(日本数学家)猜想:任意一个自然数,比如奇数,将其乘以3再加上1;如果是偶数将其除以2,反复运算,会出现什么结果。编程试之。

11. 下楼问题:从楼上走到楼下共有 h 个台阶,每一步有3中走法:走1个台阶;走2个台阶;走3个台阶。用递归方法来编程给出可以走出的所有方案。

第 **8** 章 文 件

教学目标：

- 了解文件的基本概念。
- 掌握常用的文件操作语句：open 语句、read 语句、write 语句。
- 掌握有格式文件的存取方式和应用。
- 了解无格式文件的存取方式。
- 了解二进制文件的存取方式。

前面学习的程序中要输入的各种数据以及程序运行结果只在程序运行时有效，这些数据都是暂时存放在内存中，都没有做长期保存，程序结束后就消失了。如果想长期保存这些数据，就要用文件的形式。

本章主要介绍文件的基本概念、文件的操作语句以及文件的应用。

8.1 文件的基本概念

8.1.1 记录

记录是字符或数值的序列，在行式打印机输出时，一行字符就是一个记录，不管这行字符有多少个。在键盘输入时，一个记录是以"回车"符作为结束标志。在磁盘文件中，"回车"符也是一个记录结束的标志。

Fortran 95 的记录有以下 3 种方式：

1. 格式记录

格式记录是一个有序的格式化数据序列，每个记录以"回车"符作为结束标志，在输入输出时，格式记录中的数据要经过编辑转换，以 ASCII 码或其他信息交换码的方式进行传输。数据的格式由用户指定或者由编译系统规定。

2. 无格式记录

无格式记录是由二进制代码直接传输，在输入输出时，无须作格式转换，因而传输速度较快，占用磁盘空间也较小。

3. 文件结束记录

文件结束记录是文件结束的一种标志，由系统和语言本身来规定。在输入输出时，文件结束记录并不作为数据的内容处理。该记录可由语句设置,或者由系统在文件操作时自动加以处理。

8.1.2 文件的概念

所谓文件(file)就是一组相关信息的集合,主要用于存储程序、数据以及各种文档等。任何一组信息,当给定一个标识符并将其存放在某一存储介质上之后,就构成一个文件,文件是记录的序列。一般来说,一个文件包含多个记录(当然也可以是无记录的空文件)。记录中包含若干个值或数据项。

在对文件进行操作时是以记录为基本单位的。

8.1.3 文件的特性

在 FORTRAN 中,每一个文件都要与一个逻辑设备建立关联后才能对其进行操作。对文件的一系列操作包括文件的打开、关闭、定位、输入和输出等,通常也称对文件的存取或访问。而对一个可操作的文件在操作时必须指出它的特性,否则就会出错。这些特性包括文件标识、文件的存取方式、文件的结构和文件的记录长度。

1. 文件标识

文件标识由文件的标识符来实现。如 c:\chengxu\diyizhang\l.dat 就是文件 1.dat 的文件标识符。计算机在对文件进行操作时首先根据文件标识符寻找文件。

2. 文件的存取方式

在 FORTRAN 中文件的存取方式有两种:顺序存取方式和直接存取方式。分别对应的文件称为顺序存取文件和直接存取文件(或随机存取文件)。

顺序文件的存取操作总是从第 1 个记录开始,然后依次按文件记录的逻辑顺序逐个往下进行。即如果要操作第 n 个记录时,必须先对前面 $n-1$ 个记录进行操作。

直接文件的存取操作可以按任意的次序进行,即可以直接按存取操作指定的记录号进行操作。例如,要从一个直接文件中读取第 n 个记录,则只需要在读语句中指明第 n 个记录的记录号即可,而无须对前面的 $n-1$ 个记录做任何操作处理。

3. 文件的结构

文件的结构是指组成文件的记录格式。无论是顺序存取文件还是直接存取文件,数据在记录中的存放格式可以有三种:有格式存放、无格式存放和二进制形式存放。第一种是以字符形式(或称 ASCII 形式)存放的,后两种均以二进制代码存放。

文件的存取方式和文件的记录格式决定了文件的类型,这样,FORTRAN 的外部文件可以分为以下 6 种类型,它们是:

① 有格式顺序文件;

② 有格式直接文件；

③ 无格式顺序文件；

④ 无格式直接文件；

⑤ 二进制顺序文件；

⑥ 二进制直接存取文件。

(1) 有格式顺序文件

有格式顺序文件是按照文件记录顺序将数据存储在文件中的有格式记录集合。当要存取或读写有格式顺序文件中的数据时，总是从第 1 个记录开始，然后依次按文件记录顺序逐个往下进行。有格式顺序文件中的记录长度可以各不相同，记录与记录间用回车符和换行符分隔。

有格式直接文件是可以按照文件记录的任意顺序将数据存储在文件中的有格式记录集合。若要存取或读写有格式直接文件中的数据时可以按任意顺序进行。有格式直接文件中的记录长度是相同的，记录与记录间用回车符和换行符分隔。在有格式直接文件中，当一个记录被写入，就不能删除而只能重写。

当一个文件是有格式文件时，可以用文本编辑器打开并直接观察文件记录中的内容。

(2) 无格式顺序文件

无格式顺序文件是按照文件记录顺序将数据存储在文件中的无格式记录集合。当要存取或读写无格式顺序文件中的数据时，总是按文件中的记录顺序依次往下进行。无格式顺序文件的记录长度可以是不相同的，但最多不超过 128 个字节。数据是以一个不超过 128 个字节的块(也称物理块)方式进行存储的。在进行存取操作时，系统可以按逻辑记录长度对多个存储单元进行存取。

无格式直接文件是可以按照文件记录的任意顺序将数据存储在文件中的无格式记录集合。无格式直接文件的记录长度是相同的，当要存取或读写无格式直接文件中的数据时可以按任意顺序进行。在无格式直接文件中记录与记录之间无分隔符标志。在进行读写操作时，为保证每个记录具有相同的长度，系统自动在记录剩余空间中补充空格。

(3) 二进制顺序文件

二进制顺序文件是按照文件记录顺序将数据存储在文件中的二进制记录集合。当要存取或读写二进制顺序文件中的数据时，总是按文件中的记录顺序依次往下进行。二进制顺序文件的记录长度可以是不相同的，记录与记录之间无分隔符标志。任何存放在二进制顺序文件中的数据的格式和长度与这些数据在内存中的存放形式完全相同。因此，二进制顺序文件是一种结构简单、处理方便、运行速度最快的文件。

二进制直接文件是按照文件记录的任意顺序将数据存储在文件中的二进制记录集合。当要存取或读写二进制直接文件中的数据时，可以按任意顺序进行。二进制直接文件的记录长度是相同的。在进行读写操作时，为保证每个记录具有相同的长度，系统自动在记录剩余空间中补充二进制数据"0"。

当一个文件是无格式或二进制格式文件时，都不能直接用文本编辑器观察记录的内容。

4. 文件的记录长度

文件的记录长度是指数据项在记录中所占据空间的大小。文件的记录长度是有规定的，每条记录不能超过记录长度的允许值。

8.1.4 文件的定位

在文件的存取过程中，由文件指针控制文件的读写操作。

当文件指针位于第 1 个记录前的位置时，称文件定位在"文件头"，当文件指针位于某一个记录中时，称此记录为"当前记录"，此时文件定位在某一记录位置。

当文件指针位于最后一个记录后的位置时，称文件定位在"文件尾"或文件结束位置。

8.2 文件的操作语句

在 FORTRAN 语言中，跟文件有关的操作命令非常丰富，但是很多命令不常用，学习时只要记住常用的部分就可以了。

文件的操作语句主要有：文件的打开语句、文件的关闭语句、输入语句、输出语句、inquire 语句、rewind 语句、backspace 语句和 endfile 语句等。分别介绍如下。

8.2.1 文件的打开与关闭

不管是读文件还是写文件，先要建立或打开这个文件。在使用结束后应关闭该文件。

1. 文件的打开

程序中要对文件进行操作必须首先打开文件，这由 open 语句来完成。open 语句用来把一个设备号和一个文件名连接起来。一旦实现了连接，程序中将由该设备号来代表 open 语句中指定的那个文件。一个 open 语句只能打开一个文件。

open 语句的一般格式如下：

```
open(unit=number, file='filename', form='…', status='…', access='…', recl=length, err=lable, iostat=var, blank='…', position='…', action=action, pad='…', delim='…')
```

括号中各项意义如下：

（1）unit 说明项

unit＝number 为设备号说明，number 必须是一个正整数，它可以使用变量或是常量来赋值，它与读或写语句指定的设备号相同；该说明符是必不可少的，当该说明符是 open 语句中的第一项时，"unit＝"可以省略。

（2）file 说明项

file＝filename 为文件说明，指定要打开的文件名。filename 是文件标识符，它是一个字符串表达式，代表一个文件名（Windows 下文件名不区分大小写，且不要使用中文文件名）。open 语句的作用就是将该文件连接到指定的设备号上。

（3）form 选项

form＝'…'为记录格式说明。字段值只有两个可以设置：'formatted'或'unformatted'。如下：

form＝'formatted'：表示文件使用"文本文件"格式来保存。

form＝'unformatted'：表示文件使用"二进制文件"格式来保存。

form 说明项可以省略，省略时默认为 form＝'formatted'。

（4）status 选项

status＝'…'用来说明要打开一个新文件或是已经存在的旧文件。

status＝'new'：表示这个文件原本不存在，是第一次打开，如果指定文件存在，会出现输入输出错误。

status＝'old'：表示这个文件原本就已经存在，如果指定文件不存在，会出现输入输出错误。

status＝'replace'：文件若已经存在，会重新创建一次，原来的内容会消失，文件若不存在，会创建新文件。

status＝'scratch'：表示要打开一个临时文件，这个时候可以不需要指定文件名称，也就是 file 这一项要省略，系统会自动取一个文件名，至于文件名是什么也不重要，关闭文件和程序中断时会自动删除。

status＝'unknown'：表示系统来确定文件的状态。如果指定文件不存在，则创建一个新文件。如果存在，则将文件指针定位于"文件头"。

status 说明项省略时，默认值为 unknown。

（5）access 选项

access＝'…'用来设置读写文件的方法。

access＝'sequential'：读写文件的操作会以"顺序"的方法来读写，这就是"顺序读取文件"。

access＝'direct'：读写文件的操作可以任意指定位置，这就是"直接读取文件"。

若省略此项，则默认为 sequential。

（6）recl 选项

recl 选项为记录长度说明。length 是一个正整型量或算术表达式，其值表示文件的记录长度，用字节数表示。

在顺序读取文件中，recl 字段值用来设置一次可以读写多大容量的数据。

在打开"直接读取文件"时，recl＝length 中的 length 值是用来设置文件中每一个模块单元的分区长度。

（7）err 选项

err＝label 用来设置当文件打开发生错误时，程序会跳跃到 label 所指的行代码处来继续执行程序。

（8）iostat 选项

iostat＝var 用来设置一个整数值给后面的整型变量，这是用来说明文件打开的状态，数值会有下面 3 种情况：

① var＞0：表示读取操作发生错误。

② var＝0：表示读取操作正常。

③ var＜0：表示文件终了。

（9）blank 选项

blank 选项用来设置文件输入数字时，当所设置的格式字段中有空格存在时所代表的意义。

blank＝null 时，代表空格的字段全部忽略不计。

blank＝zero 时，代表空格全部处理为零。

（10）position 选项

position 选项用来设置文件打开时的读写位置。

position＝'asis'：表示文件打开时在已存在文件的上一次操作位置或新文件的起始位置，默认值。

position＝'rewind'：表示文件打开时在已存在文件的起始位置。

position＝'append'：表示文件打开时在已存在文件的结束位置。

（11）action 选项

action 选项用来设置所打开文件的读写属性。

action＝read：文件为只读方式打开。

action＝write：文件为只写方式打开。

action＝readwrite：文件为可读写方式打开。

（12）pad 选项

pad 选项为填充说明，作用是：在对文件进行读操作时，当出现记录中的数据少于需要读取的数据时，是否用空格填充未取得数据的变量。该选项只能指定以下两种：

① pad＝'yes'：表示在格式化输入时，最前面的不足字段会自动以空格填满。

② pad＝'no'：表示在格式化输入时不足的字段不会以空格填满。

（13）delim 选项

delim 选项为分界符说明。

delim＝apostrophe：表示输出的字符串会在前后加上单引号。

delim＝quote：表示输出的字符串会在前后加上双引号。

delim＝none：表示纯粹输出字符串内容。

以上各选项在 open 语句中的位置没有特别规定，可在任意位置出现。对于 unit 选项，如果取消"unit＝"，则必须出现在首位。

注意：open 语句可以打开一个已存在的文件、建立一个新文件和对文件的部分属性进行修改,但不能对文件进行存取操作。对文件的存取操作需用读语句和写语句来实现。

以下两条 open 语句分别打开了一个文件:

① open(10,file='seqntl.txt',status='old',action='read')

② open(3,file='wang.dat',status='new',access='direct',recl=4)

第 1 个语句将名为 seqntl.txt 的文件连接到序号为 10 的设备上,它是一个已经存在的只读文件。由于 access 与 form 两个说明项缺省,意味着打开的是有格式顺序存取文件。

第 2 个语句将名为 wang.dat 的文件连接到序号为 3 的设备上,它是一个新文件。access='direct'指明了这是一个直接文件,form 说明项缺省,意味着打开的是有格式文件,recl=4 说明该新建文件的记录长度为 4。

2. 文件关闭

文件打开并使用结束后要执行关闭操作,关闭文件就是断开设备号与文件的连接。关闭文件用 close 语句,一个 close 语句只能关闭一个外部文件。close 语句的一般格式如下:

close(unit=number,err=lable, iostat=var, status='…')

close 语句的主要功能是关闭已打开的文件,释放文件占用的内存。

其中各说明项意义如下:

(1) unit 说明项

使用 unit 选项指定要关闭文件的设备号,设备号的意义与 open 语句中的意义相同。如果在 close 语句中第一项指定设备号,则"unit="可省略,否则不能省略。必须指定一个设备号。

下面两个语句都是合法的 close 语句:

① close(1)

② close(unit=1)

(2) err 选项

err 选项与 open 语句中的作用相同。

(3) iostat 选项

iostat 选项与 open 语句中的作用相同。

(4) status 选项

status='…'用来说明关闭文件后的状态。

status='keep':表示关闭文件后,与设备号连接的文件保留下来不被删除。

status='delete':表示在关闭文件后,与设备号连接的文件不予保留,被永久删除。

说明:以上各选项其前后顺序没有特别规定,可在 close 语句参数中任意位置出现。

8.2.2　文件的输入语句和输出语句

文件打开以后就可以进行读写操作了,也就是文件的输入输出操作,read 语句和 write 语句除了前面章节介绍的可以用于表控输入输出和格式的输入输出以外,也可以应用于文件的输入输出。

一般格式如下:

文件输入:

read(unit= number, fmt= format, nml= namelist, rec= record, iostat= stat, err= errlabel, end= endlabel, advance= advance, size= size)

文件输出与文件输入的格式完全相同,只不过是把 read 改为 write。即

wirte(unit= number, fmt= format, nml= namelist, rec= record, iostat= stat, err= errlabel, end= endlabel, advance= advance, size= size)

其中各说明项意义如下:

(1) unit 说明项

unit＝number 用来指定输入、输出所对应文件的位置,number 为设备号说明,它与对应的 open 语句中指定的设备号相同。

(2) fmt 选项

fmt＝format 用于指定输入输出格式。fmt 是 format 语句标号,或是一个格式字符串。只有在对有格式文件进行输入或读操作时才需要格式说明,对无格式文件不需要格式说明。

(3) nml 选项

nml＝namelist 用于指定读写某个 namelist 的内容,该项直接用于对文件的输入操作,不能与格式说明和输入项列表同时使用,并且只适用于顺序文件。

(4) rec 选项

rec＝record 仅用于直接读取文件中。当 read 语句从文件中读取数据时,将从记录号为 rec 的记录开始读取。

(5) iostat 选项

iostat＝stat 用来说明输入输出的状态。stat 是一个整型变量:

stat＞0:表示读取操作发生错误。

stat＝0:表示读取操作正常。

stat＜0:表示文件正常。

(6) err 选项

err＝errlabel 用来指定在读写过程中发生错误时,会转移到某个语句标号来继续执行程序。

(7) end 选项

end＝endlabel 用来指定读写到文件末尾时,会转移到某个语句标号来继续执行

程序。

(8) advance 选项

advance＝advance 为高级输入使用说明。表示每执行一次 read 语句和 write 语句后,读写位置是否会自动向下移动一行。其值如下:

advance＝yes:默认值,表示每读写一行会向下移动一行。

advance＝no:表示会暂停自动换行的操作。

需要注意的是,使用此说明项时,要设置输入输出的格式。

(9) size 选项

size＝size 用于指定读操作传输的字符数。使用此说明项的前提是 advance＝no。

8.2.3　查询文件的状态语句

状态(inquire)语句用来查询文件目前的属性,在 open 语句打开文件前后均可使用。一般格式如下:

```
inquire(unit=number,file=filename,iostat=stat,err=label,exist=exist ,opened=
opened,number=number ,named=named,access=access,sequential=sequential ,direct=
direct,form= form,formatted=formatted,unformatted=unformatted,recl=recl)
```

其中各说明项意义如下:

(1) unit 说明项

unit＝number 作用为赋值所要查询的文件代号。

(2) file 说明项

file＝filename 作用为赋值所要查询的文件名称。

(3) iostat 选项

iostat＝stat 用于查询文件读取情况,会自动设置一个整数值给在它后面的变量。

stat＞0:表示读取操作发生错误。

stat＝0:表示读取操作正常。

stat＜0:表示文件终了。

(4) err 选项

err＝label 表示 inquire 发生错误时会转移到赋值的行代码继续执行程序。

(5) exist 选项

exist＝exist 用于检查文件是否存在,会返回一个布尔变量给后面的逻辑变量,返回真值表示文件存在,反之,表示文件不存在。

(6) opened 选项

opened＝opened 用于检查文件是否已经使用 open 命令来打开,会返回一个布尔变量给后面的逻辑变量,返回真值表示文件已打开,反之,表示文件尚未打开。

(7) number 选项

number＝number 表示由文件名来查询这个文件所给定的代码。

（8）named 选项

named＝named 用来查询文件是否取了名字，也就是检查文件是否为临时保存盘，返回值为逻辑数。

（9）access 选项

access＝access 用来检查文件的读取格式，会返回一个字符串，字符串值可以为：

sequential：表示文件使用顺序读取格式。

direct：表示文件使用直接读取格式。

undefined：表示没有意义。

（10）sequential 选项

sequential＝sequential 用来查看文件是否使用顺序格式，会返回一个字符串，字符串值可以为：

yes：表示文件是顺序读取文件。

no：表示文件不是顺序读取文件。

unknown：表示不知道。

（11）direct 选项

direct＝direct 用来查看文件是否使用直接格式，会返回一个字符串，字符串值可以为：

yes：表示文件是顺序读取文件。

no：表示文件不是顺序读取文件。

unknown：表示不知道。

（12）form 选项

form＝form 用来查看文件的保存方法。

formatted：表示打开的是文本文件。

unformatted：表示打开的是二进制文件。

unknown：没有意义。

（13）formatted 选项

formatted＝formatted 用来查看文件是否为文本文件，会返回一个字符串，字符串值可以为：

yes：表示本文件是文本文件。

no：表示本文件不是文本文件。

unknown：无法判断。

（14）unformatted 选项

unformatted＝unformatted 用来查看文件是否为二进制文件，会返回一个字符串，字符串值可以为：

yes：表示本文件是二进制文件。

no：表示本文件不是二进制文件。

unknown：无法判断。

（15）recl 选项

recl＝recl 用来返回 open 文件时 recl 栏的设置值。

使用 inquire 命令时注意：如果查询一个不在当前目录的文件，则在查询文件时必须给出文件所在的盘符和路径。

8.2.4 rewind 语句

rewind 语句称为反绕语句，它的作用是把文件的读写位置倒回文件开头。

一般格式为：

rewind(unit=unit,err=err, iostat=iostat)

括号内的字段含义可参考 open 语句。

8.2.5 backspace 语句

backspace 语句称为回退语句，它的作用是把文件的读写位置退回一步。

一般格式为：

backspace(unit=unit,err=err, iostat=iostat)

括号内的字段含义可参考 open 语句。

注意：backspace 语句只能用于顺序存取文件。

8.2.6 endfile 语句

endfile 语句的作用是把目前文件的读写位置变成文件的结尾。

一般格式为：

endfile(unit=unit, err=err, iostat=iostat)

括号内的字段含义可参考 open 语句。

注意：

(1) 当执行 endfile 语句之后，就不能对文件进行读写操作了，必须先用 rewind 语句或 backspace 语句重新定位之后，才能对文件执行读写操作。

(2) endfile 语句只能用于顺序存取文件。

8.3 有格式文件的存取

8.3.1 有格式顺序文件存取

同时具有 formatted 和 sequential 属性的文件称为有格式顺序存取文件。

有格式顺序存取文件是一种可视化的文件，可用文本编辑器随时显示、浏览、修改、创建,也可在程序中通过 open 和 write 语句创建。

有格式顺序存取文件是由若干文本行组成,每个文本行是一个记录。每个记录长度可以不同,默认最大记录长度为 132 个字节,可通过 recl 选项指定最大记录长度。

有格式顺序存取文件读写操作与键盘、显示器的读写操作类似,不同的是需要用 open 语句打开文件,指定设备号,在 read 和 write 语句中指定设备号,而不是星号"＊"。对于有格式顺序存取文件,open 中的 recl 选项可指定文件的最大记录长度,但 recl 选项对输入没有影响,按实际记录长度输入数据,recl 选项对输出有影响,如果输出数据是字符串,则超过最大记录长度将换行输出(下一个记录),如果输出数据不是字符串,则按表控格式域宽或格式编辑符指定域宽输出,允许超出最大记录长度,保证输出数据的完整性,超出最大记录长度后,下一个输出数据项换行输出。下面给出使用有格式顺序存取文件的示例程序。

【例 8-1】 顺序文件 stu1.dat 串存放了 10 个学生的姓名及一单科成绩,读出文件中的所有数据,然后将成绩合格(≥60)的学生的姓名及成绩存入另一文件 stu2.dat 中。

程序编写如下:

```
        parameter(n=10)
        dimension name(n),s(n)
        character name * 10
        open(1,file='stu1.dat',form='formatted')
        do  i=1 ,n
            read(1,20)name(i),s(i)
        enddo
20      format(a6,f5.1)
        close(1)
        open(2,file='stu2.dat',form='formatted')
            do  i=1,n
                if (s(i)>=60)write(2,20)   name(i),s(i)
            enddo
        close(2)
        end
```

在执行程序前要按照源程序要求的格式建立数据文件 stu1.dat,如图 8.1 所示。

可将生成的数据文件 stu2.dat 加入到工程中,直接在编辑环境中查看结果是否满足要求。如图 8.2 所示。

8.3.2　有格式直接文件存取

同时具有 formatted 和 direct 属性的文件称为有格式直接存取文件。有格式直接存取文件可用文本编辑器显示、浏览、修改、创建,文件中不仅能用回车符和换行符分隔记录,也可在程序中通过 open 和 write 语句创建。

在进行直接文件的输入输出时,read 语句和 write 语句中多了一个控制项:

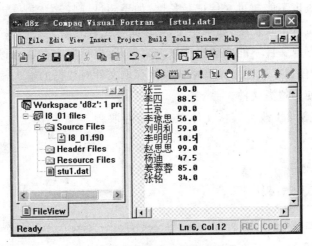

图 8.1　数据文件 stu1.dat 窗口

图 8.2　数据文件 stu2.dat 窗口

rec＝rec。rec 是一个正整数,用来指定要读写的记录的序号。

有格式直接存取文件是由若干文本段组成,每个文本段是一个记录,记录没有结束标志和行的概念,每个记录长度相同,可通过 recl 选项指定记录长度。有格式直接存取文件记录格式如图 8.3 所示。

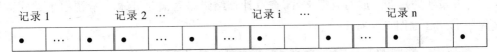

图 8.3　有格式直接存取文件记录格式

有格式直接存取文件需按格式说明信息输入输出数据,不能按表控格式输入输出数据,格式说明不能是星号"＊"。输出数据列表总长度不能超过文件记录长度,如果超过,则产生输出错误。输出数据列表总长度可以小于文件记录长度,如果小于,则补足空格。

输入数据列表总长度不能超过文件记录长度,如果超过,则产生输入错误。输入数据列表总长度可以小于文件记录长度,如果小于,则多余数据被忽略。

有格式直接存取文件不能按顺序存取方式打开,进行顺序存取,而只能按直接存取方式打开,按记录号任意存取记录。有格式直接存取文件对数据的输入输出带来极大方便,在程序中尽可能使用这类文件。

【例 8-2】 将例 8-1 改为直接文件方式进行存取。

程序编写如下:

```
        parameter(n=10)
        dimension name (n),s(n)
        character name * 10
        open(1,file='stu1.dat',access='direct',form='formatted',recl=11)
        do  i=1,n
            read(1,20,rec=i)name(i),s(i)
        enddo
20      format(a6,f5.1)
        close(1)
        open(2,file='stu2.dat',access='direct',form='formatted',recl=11)
        do  i=1,n
            if (s(i)>=60)write(2,20,rec=i)  name(i),s(i)
        enddo
        close(2)
        end
```

按照源程序要求的格式建立数据文件 stu1.dat,用记事本打开如图 8.4 所示。

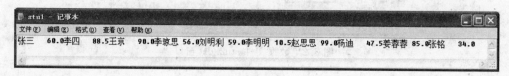

图 8.4 数据文件 stu1.dat 窗口

注意:编写数据文件时,要注意记录的长度与 open 语句中 recl 指定的长度要一致,否则将会产生错误。

打开按照题意新生成的数据文件,查看计算结果是否满足要求。本题中生成的数据文件 stu2.dat 如图 8.5 所示。

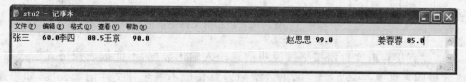

图 8.5 数据文件 stu2.dat 窗口

8.4　无格式文件的存取

8.4.1　无格式顺序文件存取

同时具有 unformatted 和 sequential 属性的文件称为无格式顺序存取文件。无格式顺序存取文件不能用文本编辑器创建，只能在程序中通过 open 和 write 语句创建。

其他都和有格式顺序文件存取方式一样。

对于无格式顺序存取文件，在进行读写操作时只需在 read 或 write 语句中指定与文件连接的设备号即可，不能按表控格式或格式说明控制输入输出。

【例 8-3】　求 10 个数之和及它们的平均值。

```
integer::a(10)=(/5,7,4,8,12,2,10,3,9,11/)
integer::sum=0,ave
character str1*14,str2*16
!打开一数据文件,设置一个无格式顺序存取文件,将10个数分3个记录写入文件
!数据文件包含3个记录,每个记录行长度不相同
open(1,file='input31.txt',form='unformatted',access='sequential')
write(1)(a(i)+20,i=1,5)              !输出5个整数,逻辑记录1有20个字节
write(1)(a(i)+20,i=6,7)              !输出2个整数,逻辑记录2有8个字节
write(1)(a(i)+20,i=8,10)             !输出3个整数,逻辑记录3有12个字节
rewind 1                            !文件反绕至第一个记录
read(1)(a(i),i=1,5)                  !输入逻辑记录1的5个整数
read(1)(a(i),i=6,7)                  !输入逻辑记录2的2个整数
read(1)(a(i),i=8,10)                 !输入逻辑记录3的3个整数
do i=1,10
    sum=sum+a(i)
enddo
ave=sum/10
!打开一数据文件,设置一个无格式顺序存取文件,写入两个逻辑记录
!数据文件包含两个记录,每个记录行长度不相同
open(2,file='input32.txt',form='unformatted',access='sequential')
write(2) '10个数之和为: ',sum         !输出一个逻辑记录,记录长度为18
write(2) '10个数平均值为: ',ave        !输出一个逻辑记录,记录长度为20
write(2) '程序运行正常结束。'          !输出一个逻辑记录,记录长度为18
rewind 2
read(2) str1,sum                     !输入逻辑记录1的1个长度为14的字符串,1个整数
read(2) str2,ave                     !输入逻辑记录2的1个长度为16的字符串,1个整数
print *,str1,sum
print *,str2,ave
end
```

程序运行结果如图 8.6 所示。

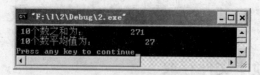

图 8.6　例 8-3 运行结果

8.4.2　无格式直接文件存取

同时具有 unformatted 和 direct 属性的文件称为无格式直接存取文件。无格式直接存取文件不能用文本编辑器创建,只能在程序中通过 open 和 write 语句创建。

无格式直接存取文件由若干逻辑记录组成,每次读写一个逻辑记录,记录长度相同,记录长度在 open 语句中通过 recl 选项设置,记录之间无分隔符和控制信息。如果输出数据时,长度小于记录长度,则用 null 字符或空格补足。

【例 8-4】　求 10 个数之和及它们的平均值。

程序编写如下:

```
integer::sum=0,ave,a(10)= (/5,7,4,8,12,2,10,3,9,11/)
character s1*14,s2*16,s3*18
!打开一数据文件,设置一个有格式直接存取文件,将 10 个数分两个记录写入文件
!数据文件生成两个记录,每个记录行长度相同,记录长度为 25
open(1,file='input41.dat',form='unformatted',access='direct',recl=20)
write(1,rec=1) (a(i)+10,i=1,5)        !按格式说明将头 5 个数写入第 1 个记录
write(1,rec=2) (a(i)+10,i=6,10)       !按格式说明将后 5 个数写入第 2 个记录
read(1,rec=2) (a(i),i=6,10)           !按格式说明从第 2 个记录中读取后 5 个数
read(1,rec=1) (a(i),i=1,5)            !按格式说明从第 1 个记录中读取头 5 个数
do i=1,10
    sum=sum+a(i)
enddo
ave=sum/10
!打开一个最大记录长度为 22 的无格式顺序存取文件
open(2,file='input42.dat',form='unformatted',access='direct',recl=22)
write(2,rec=1) '10个数之和为: ',sum   !输出一逻辑记录,记录长度为 22
write(2,rec=2) '10个数平均值为: ',ave  !输出一逻辑记录,记录长度为 22
write(2,rec=3) '程序运行正常结束。'    !输出一逻辑记录,记录长度为 22
!从外部文件"input42.dat"读取数据,并从显示器上输出
read(2,rec=1) s1,m
read(2,rec=2) s2,n
read(2,rec=3) s3
print *,s1,m
print *,s2,n
print *,s3
end
```

程序运行结果如图 8.7 所示。

图 8.7　例 8-4 运行结果

8.5　二进制文件的存取

8.5.1　二进制顺序文件存取

同时具有 binary 和 sequential 属性的文件称为二进制顺序存取文件。二进制顺序存取文件不能用文本编辑器创建，只能在程序中通过 open 和 write 语句创建。

二进制顺序存取文件由连续的二进制位串组成，每个 read 和 write 语句读取或生成一个二进制子位串，每次读取或写入的二进制子位串长度可以不同，数据完全按内存存放的机内码形式存放。二进制顺序存取文件没有记录分隔符和其他控制信息，所以这类文件的存储空间开销比较小，存取速度比较快。

【例 8-5】　用二进制顺序文件存取方法编程实现例 8-4。

```
integer ::a(10)=(/5,7,4,8,12,2,10,3,9,11/)
integer ::sum=0,ave
character str1 * 14,str2 * 16,str3 * 18
!打开一数据文件,设置一个二进制顺序存取文件,将 10 个数分三次写入文件
!数据文件包含 10 个整数,分 3 个 write 语句输出至文件
open(1,file='input51.txt',form='binary',access='sequential')
write(1)(a(i)+20,i=1,5)            !输出 5 个整数(kind=4),占 20 个字节
write(1)(a(i)+20,i=6,7)            !输出 2 个整数(kind=4),占 8 个字节
write(1)(a(i)+20,i=8,10)           !输出 3 个整数(kind=4),占 12 个字节
rewind 1                          !文件反绕至文件起始位置
read(1)(a(i),i=1,10)              !连续输入 10 个整数
do i=1,10
    sum=sum+a(i)
enddo
ave=sum/10
!打开一数据文件,设置一个二进制顺序存取文件,写入 3 个字符串和 2 个整数
open(2,file='input52.txt',form='binary',access='sequential')
write(2) '10个数之和为：',sum        !输出一个字符串和一个整数,总长度为 18
write(2) '10个数平均值为：',ave       !输出一个字符串和一个整数,总长度为 20
write(2) '程序运行正常结束。'         !输出一个字符串,总长度为 18
```

```
rewind 2
read(2) str1,sum,str2,ave,str3        !连续读取有关数据信息
print * ,str1,sum
print * ,str2,ave
print * ,str3
end
```

程序运行结果如图 8.8 所示。

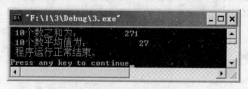

图 8.8 例 8-5 运行结果

8.5.2 二进制直接文件存取

同时具有 binary 和 direct 属性的文件称为二进制直接存取文件。二进制直接存取文件不能用文本编辑器创建，只能在程序中通过 open 和 write 语句创建。

二进制直接存取文件由若干逻辑记录组成（二进制位串），每个 read 和 write 语句读取或生成一个逻辑记录，每个逻辑记录的记录长度相同，数据完全按内存存放的机内码形式存放。记录长度在 open 语句中通过 recl 选项设置，记录之间没有任何分隔符和控制信息，可随机存取，所以这类文件的存储空间开销比较小，存取速度比较快。如果输出数据时，长度小于记录长度，则用 null 字符补足。

【例 8-6】 用二进制直接文件存取方法编程实现例 8-4。

```
integer ::a(10)=(/5,7,4,8,12,2,10,3,9,11/)
integer ::sum=0,ave
character str1 * 14,str2 * 16,str3 * 18
!打开一数据文件,设置一个二进制直接存取文件,将 10 个数分两个记录写入文件
!数据文件包含 10 个整数,用两个 write 语句输出至文件
open(1,file='input61.txt',form= 'binary',access= 'direct',recl=20)
write(1,rec=1) (a(i)+20,i=1,5)      !输出头 5 个整数 (kind=4),一个记录占 20 个字节
write(1,rec=2) (a(i)+20,i=6,10)     !输出后 5 个整数 (kind=4),一个记录占 20 个字节
read(1,rec=2) (a(i),i=6,10)         !输入后 5 个整数 (kind=4),一个记录占 20 个字节
read(1,rec=1) (a(i),i=1,5)          !输入头 5 个整数 (kind=4),一个记录占 20 个字节
do i=1,10
sum= sum+a(i)
enddo
ave=sum/10
!打开一数据文件,设置一个二进制直接存取文件,写入三个字符串和两个整数
open(2,file='input52.txt',form= 'binary',access= 'direct',recl=20)
```

```
write(2,rec=1) '10个数之和为：',sum    !输出一个记录(一个字符串和一个整数)
write(2,rec=2) '10个数平均值为：',ave  !输出一个记录(一个字符串和一个整数)
write(2,rec=3) '程序运行正常结束。'    !输出一个记录(一个字符串)
read(2,rec=3) str3                     !输入第3个记录
read(2,rec=2) str2,ave                 !输入第2个记录
read(2,rec=1) str1,sum                 !输入第1个记录
print*,str1,sum
print*,str2,ave
print*,str3
end
```

程序运行结果如图 8.9 所示。

图 8.9　例 8-6 运行结果

习　题　8

1. 下面关于文件的叙述，不正确的是_____。

A. 直接文件的所有记录的长度是相同的

B. 对于顺序文件来说，默认格式说明项，则隐含为按格式存或取

C. 从一个存在的磁盘文件中读取数据，则 status＝status 选项可省略

D. 在打开顺序文件的 open 语句中，定义记录长度的选项不能省略

2. 下列关于直接文件操作说法中不正确的是_____。

A. 直接文件不能按记录的顺序读取

B. 直接文件的所有记录的长度都相等

C. 直接文件不能按表控格式存取

D. 顺序写入的文件都不能直接读取

3. 阅读下列 FORTRAN 程序：

```
dimension a(3)
open(6,file='xy.dat',status='new', access='direct',
form='formatted',recl=30)
do i=1,6
s=2.0*i
write(6,100,rec=i)s
100 format(e15.6)
end do
```

```
rewind(6)
read(6,100,rec=3)a
s=0.0
do i=1,3
s=s+a(i)
end do
write(*,*)s
close(6)
end
```

写出上述程序的执行结果。

4. 为什么要在程序中使用数据文件保存数据？使用数据文件有何优点？

5. 什么是记录？什么是文件？文件的最小存取单位是什么？对文件进行操作时，必须指出文件的哪些特性？

6. 已知一个有格式顺序存取文件（记录内容自定），从中删除第 n 个记录。编写程序实现之。

7. 已知一个有格式顺序存取文件（记录内容自定），在第 n 个记录后插入一个记录。编写程序实现之。

8. 已知一个有格式顺序存取文件保存有某班学生的考试信息，每个学生的考试信息有：学号（字符串，7 位）、姓名（字符串，8 位）、性别（字符串，2 位）、课程（字符串，10 位）、成绩（整数，3 位）。从有格式顺序存取文件中读取学生的考试信息，存入一个二进制直接存取文件中，文件中第 1 个记录的成绩项保存学生人数信息，其余项填充星号"*"。然后从二进制直接存取文件中读取记录信息，在屏幕上显示学生考试信息。编写程序实现之。

9. 读入 n 位学生的姓名和某门课的成绩，存入顺序文件。然后对这个顺序文件进行以下各项操作：

(1) 按学生成绩排序。

(2) 插入 $n1$ 个记录，使插入后的文件内容仍按序排列。

(3) 删除 $n2$ 个记录，使删除后的文件内容仍按序排列。

(4) 修改 $n3$ 个记录，使修改后的文件内容仍按序排列。

(5) 把文件中超过平均成绩的学生姓名与成绩打印出来。

10. 建立一个有格式的直接数据文件 grade.dat。文件中存放全班 50 个学生期末考试成绩的有关信息，包括：学生的学号、姓名、5 门功课的成绩、5 门功课的平均成绩和总分；再读取 grade.dat 中学生的学号、姓名和总分，建立一个按学生总分从高分到低分进行了排序的有格式顺序文件 paixu.dat。

11. 首先建立一个文本文件，将某班某学年所有学生各门课程的成绩存放其中，然后根据现有公式，运用文件操作计算所有学生的综合考评成绩、学习平均成绩、学习排名、综合考评排名、奖学金的类型，并将学号、姓名、德育、智育、体育综合考评、学习平均成绩、学习排名、综合考评排名、奖学金类型保存到有格式直接文件中。

相关公式：综合考评采用百分制用下式计算：

$$U = D \times 25\% + Z \times 65\% + T \times 10\% + J$$

式中：U 为学年考评成绩；D 为德育考评成绩；Z 为智育考评成绩；T 为体育考评成绩；J 为奖励分。

智育考试成绩：由必修课程成绩（百分制）的加权平均数：

$$Z = \frac{f_1 x_1 + f_2 x_2 + f_3 x_3 + \cdots f_n x_n}{f_1 + f_2 + f_3 + \cdots f_n}$$

式中：x_n 为该门课程考试；考查成绩；f_n 为该门课程学分数；n 为科目数。

12. 建立通讯录，要求存放有姓名、电话号码、E-mail、住址，然后对通信录进行查找、添加、修改及删除。

第 9 章 派生类型与结构体

教学目标：

- 了解派生类型的基本概念。
- 掌握结构体的定义方法。
- 掌握结构体成员的引用方法。
- 学会给结构体成员赋值。
- 掌握结构体数组的应用。
- 学会给结构体数组赋初值。

迄今为止，已经学习了五种基本数据类型的数据(整型、实型、字符型等)，也学习了一种构造数据类型——数组，数组中的各元素是属于同一种数据类型。

但是在实际应用中常常需要将不同类型的数据放在一起，使问题处理起来更为直观方便。比如一个学生的信息，包括学号、姓名、性别、出生年月日、考试成绩、家庭地址等，如果能放在一起，那么对于统计处理学生的个人信息会十分方便。为此，本章引入了派生类型和结构体的概念，以便能很好地处理这类复杂类型的问题。

9.1 派生类型定义

派生类型是自行定义的由不同类型数据组成的一种数据类型，它能把相关的一些数据成分汇聚在一起进行统一处理。

定义派生类型时必须使用 type 块。type 块应写在程序的说明部分中，通常写在说明的前部，派生类型定义的一般格式为：

type 派生类型名称
　　成员 1 类型说明 ⎫
　　成员 2 类型说明 ⎪
　　　⋮　　　　　　⎬成员体
　　成员 n 类型说明 ⎭
end type [派生类型名称]

说明：

(1) 派生类型定义由 type 语句、成员体和 endtype 语句三部分组成。

(2) type 语句是定义派生类型的开始语句，并指出派生类型的名称。在一个程序单元中，派生类型的名称必须唯一，不能和其他标识符同名，可用任意标识符来命名。

（3）派生类型成员体中成员的类型说明语句可以是变量、数组、结构体、数组等的定义语句。成员体是派生类型定义的主体。

（4）endtype 语句是派生类型定义结束的标志，其后派生类型名称可省略。

（5）派生类型定义中不允许包含其他派生类型的定义，即多个派生类型定义不能嵌套，只能并列。

（6）派生类型定义的位置应放在所有的可执行语句之前。

下面通过两个具体例子来说明派生类型的定义。

首先，定义一个描述学生出生年月日数据的派生类型，可定义如下：

```
type birthday
   integer year,month,day
end type
```

该派生类型名称为 birthday，成员体包含一个成员定义语句，定义的出生日期——年、月、日均为整型数据。

上例中如果给该名学生再增加学号、姓名、性别、5 门课程成绩等信息，那么数据类型就较复杂，可定义如下派生类型来处理这些不同类型的数据：

```
type student
   integer number
   character * 15 name
   logical sex
   real score(5)
   type(birthday) date
end type
```

该派生类型包含 5 个成员分别是：一个整型变量 number，一个长度为 15 个字符的字符变量 name，一个逻辑变量 sex，一个存放 5 门课程成绩的实型数组 score，以及一个结构体变量 date。关于结构体将在 9.2 节中讲述。

9.2 结构体的定义与引用

9.2.1 结构体定义

派生类型和结构体有着密切的联系。派生数据类型是复杂数据的一种抽象和形式化描述，在定义时并未对其所包含的变量进行存储空间的分配，不能对派生类型名进行赋值、引用和处理。结构体是派生类型数据的具体体现，在定义结构体时在内存中按照派生数据类型描述的内容分配具体的存储区域。只有定义了派生类型结构体或结构体数组，才能对结构体或结构体数组及成员进行赋值、引用和处理。派生类型和结构体是数据所具有的抽象和具体的两个不同属性。

结构体定义的一般格式如下：

type(派生类型名称)::结构体声明表

说明：

（1）type 后括号内的派生类型名称必须给出，结构体声明表由一个或多个结构体变量组成，若有多个结构体变量，它们之间用逗号隔开。结构体变量取名规则同普通变量一样，但不可与派生类型同名。

例如，9.1 节中定义 birthday 派生类型后，就可以用它来声明结构体变量：

type (birthday)::date1,date2

该语句定义了两个结构体变量 date1 和 date2，二者都包含派生类型 birthday 的所有成员：year、month 和 day 这三项内容。

（2）结构体既可以在程序中定义，也可以和其他内部数据类型一样放在另一个派生类型的定义中定义，即嵌套定义。

例如，9.1 节中定义派生类型 student 时，其成员体中就包含一个结构体声明语句 type(birthday) date，该语句对派生类型 birthday 声明了一个结构体变量 date。

如果用派生类型 student 定义其结构体：

type(student)::stu

则结构体变量 stu 除了包含 number、name、sex 三个变量和一个数组 score 以外，还包含一个结构体变量 date。因此，一个结构体变量可以包含另一个结构体变量。

9.2.2　结构体成员引用

结构体是由结构体成员组成的一种复合数据，使用结构体的主要目的就是在结构体成员中保存数据，或对结构体成员数据进行运算，因此使用结构体主要就是使用其成员。

使用结构体成员时，需要对结构体成员进行引用，具体引用方式有如下两种：

① 结构体名%成员名
② 结构体名.成员名

说明：

（1）两种引用方式可混合使用，但为了清晰起见，在同一个程序中最好使用同一种引用符。

例如，对上面定义的 date1、date2 两个结构体变量，其成员的引用如下：

date1%year,date1%month,date1%day
date2.year,date2.month,date2.day

（2）在含嵌套定义的结构体中，成员引用应当嵌套使用引用符"%"或"."。

例如，对上面声明的结构体 stu 中成员 year 的引用方式可表示为 stu%date%year。

（3）使用"."作为引用符，成员名不能使用逻辑运算符和关系运算符。

9.3　结构体初始化

同普通变量一样,在程序中常常需要对结构体进行初始化,给结构体成员赋初值,以便对其进行处理运算。

9.3.1　用赋值语句给结构体成员赋值

(1) 用赋值语句给结构体成员赋值的基本要求,与对普通变量使用赋值语句的要求相同。

例如,对 9.2 节中定义的结构体 date1 和 stu,可用下列赋值语句给其各成员赋值。

```
date1%year=1988
date1%month=6
date1%day=1
stu%number=200703501
stu%name='李盼盼'
stu%sex=.true.
stu%score=(/80,78,89,90,85/)
```

(2) 对结构体赋值与对结构体成员赋值不同,要用到结构体构造函数。

结构体构造函数的一般格式为:

派生类型名(成员初值表)

例如,对结构体 date1 可赋值如下:

```
date1=birthday(1988,6,1)
```

该赋值语句给结构体 date1 三个成员一次性赋值,其作用相当于给结构体每个成员分别赋值。

又如,对结构体 stu 中包含的结构体 date 可赋值如下:

```
stu%date=birthday(1987,9,10)
```

这里 date 虽是结构体 stu 的成员,但它本身仍然是一个结构体,因而也需要用到结构体构造函数。于是,对结构体 stu 可赋值如下:

```
stu=student(200703501,'李盼盼',.true.,&
            &(/80,78,89,90,85/),birthday(1987,9,10))
```

需要注意的是,在使用结构体构造函数时,应使成员初值表中数据的类型与顺序和结构体变量中各成员的类型与顺序保持一致,并且个数相同,各数据之间用逗号隔开。

(3) 可以将一个结构体变量的值直接赋给另一个结构体变量,其作用等价于对应结构体成员进行赋值。

例如，可将结构体 date1 的值赋给 date2，等价于将 date1 中各成员的值赋给 date2 中对应的成员。赋值语句如下：

```
date2=date1
```

9.3.2　定义的同时给结构体成员赋值

在声明结构体变量的同时赋值，需要使用结构体构造函数。其一般格式为：

```
type(派生类型名)::结构体变量名=派生类型名(成员初值表)
```

其中赋值符号"="后面部分即为结构体构造函数，构造函数中的派生类型名应与 type 后圆括号内的派生类型名保持一致。此外，圆括号后的双冒号"::"必须有。

例如，对于 9.1 节中的派生类型 birthday 和 student，可在声明其结构体的同时赋值，分别如下：

```
type(birthday)::date=birthday(1987,9,10)
type(student)::stu= student(200703501,'李盼盼',.true., &
                   &(/80,78,89,90,85/),birthday(1987,9,10))
```

类似于普通变量，也可通过输入语句来给结构体和结构体成员赋初值。例如，对于 9.2 节中声明的结构体 date，用输入语句赋值如下：

```
read * ,date
```

执行上述输入语句，输入数据为：

```
1987  9  10↙
```

上述语句执行后，结构体 date 的值为 birthday(1987,9,10)。上述输入语句等价于下列输入语句：

```
read * ,date%year,date%month,date%day
```

又如，对于 9.2 节中声明的结构体 stu，用输入语句赋值如下：

```
read * ,stu
```

执行上述输入语句，输入数据为：

```
200703501,李盼盼,.true.,80,78,89,90,85,1987,9,10↙
```

此外，还可使用 data 语句对结构体或结构体成员进行初始化，例如：

```
data date1/birthday(1988,6,1)/
data date1%year,date1%month,date1%day/1988,6,1/
```

上述两个语句作用等价，但是对结构体初始化时需要使用结构体构造函数。

9.4 结构体数组

前面讲述的例子只是处理一名学生的简单信息,在实际中要处理的学生人数也许很多,比如一个班或一个学校的所有学生,这种情况下用结构体数组就较方便。

9.4.1 结构体数组定义

结构体数组定义的一般格式有如下两种:

type(派生类型名)::结构体数组名(维说明表),…

或

type(派生类型名),dimension(维说明表)::结构体数组名[(维说明表)],…

对于 9.1 节中的派生类型 birthday 和 student,可定义如下的结构体数组:

① type(birthday)::date3(2),date4(2,20)
② type(student)::stu1(2),stu2(-20:-1,20)
③ type(birthday),dimension(40)::date5,date6(50)
④ type(student),dimension(40)::stu3,stu4(50)

上述①、②条定义中,结构体数组 date3 和 stu1 是一个包含两个结构体元素的一维数组,date4 和 stu2 是一个包含 40 个结构体元素的二维数组。对于③、④条定义语句需要注意的是,当结构体数组名后自带的维说明符与 dimension 后的维说明符不同时,则以自带的优先。因此,结构体数组 date5 和 stu3 均为包含 40 个结构体元素的一维数组,结构体数组 date6 和 stu4 均为包含 50 个结构体元素的一维数组。

9.4.2 结构体数组初始化

结构体数组的初始化同普通数组的初始化类似,可通过数组赋值符和 data 语句来赋初值。给结构体数组赋初值需要使用结构体构造函数。

(1) 使用数组赋值符给结构体数组赋初值

例如,对于前面定义的结构体数组 date3 和 stu1,可赋值如下:

```
date3= (/birthday(1987,9,10),birthday(1988,1,19)/)
stu1= (/student(200703501, '李盼盼'.true.,(/80,78,89,90,85/),&
       &birthday(1987,9,10)),student(200703502,'张军',.false.,&
       &(/75,78,81,85,88/),birthday(1987,9,10))/)
```

(2) 使用 data 语句给结构体数组赋初值

例如,对于结构体数组 date3 和 stu1,可赋值如下:

```
data date3/birthday(1987,9,10),birthday(1988,1,19)/
data stu1/student(200703501, '李盼盼',.true.,(/80,78,89,90,85/),&
        &birthday(1987,9,10)),student(200703502,'张军',.false.,&
        &(/75,78,81,85,88/),birthday(1987,9,10))/
```

9.5　程　序　举　例

【例 9-1】　现有 3 名学生,他们的各项信息如下。要求打印一份成绩单,成绩单包含的数据项有:学号、姓名、语文成绩、数学成绩、英语成绩、各人的平均成绩。

学号	姓名	语文	数学	英语
9901	张伟	78.0	81.0	69.0
9902	李丽	85.0	77.5	80.5
9903	赵德	80.0	92.0	79.0

分析:首先定义一个派生类型 student_score,其成员包括学号 num、姓名 name、语文 chin、数学 math、英语 eng、平均成绩 ave,再声明三个结构体 s1、s2 和 s3。通过赋值语句给结构体赋值,并计算平均成绩,最后打印出成绩单。

程序编写如下:

```
type student_score
        integer num
        character * 6 name
        real chin,math,eng,ave
end type
type(student_score) s1,s2,s3
s1= student_score(200901,'张伟',78.0,81.0,69.0,0)
s2= student_score(200902,'李丽',85.0,77.5,80.5,0)
s3= student_score(200903,'赵德',80.0,92.0,79.0,0)
s1%ave= (s1%chin+ s1%math+ s1%eng)/3.0
s2%ave= (s2%chin+ s2%math+ s2%eng)/3.0
s3%ave= (s3%chin+ s3%math+ s3%eng)/3.0
print * ,'学号    姓名    语文    数学    英语    平均成绩'
print 10,s1
print 10,s2
print 10,s3
10 format(2x,i6,3x,a4,4(3x,f4.1))
end
```

程序中给结构体 s1、s2 和 s3 赋值时,由于还没有计算各人的平均成绩,因此平均成绩这一项设为 0。

程序运行结果如图 9.1 所示。

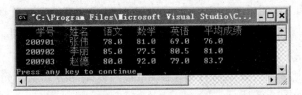

图 9.1 例 9-1 运行结果

【例 9-2】 建立某单位职工信息查询系统。某单位职工信息记录包含如下数据项：工号、姓名、性别、年龄、工资，该单位共有职工 500 人。要求建立数据文件存放职工所有信息，并且输入一个职工的工号，程序能打印出该职工的所有信息。

分析：首先定义一个派生类型 clerk_record，其成员包括工号 num、姓名 name、性别 sex、年龄 age、工资 sal，再根据派生类型声明一个结构体数组 cr，其元素个数为 500。

当输入一个职工的工号 number 后，将该工号与结构体数组 cr 中存放的工号一一进行比较，若相等则找到该职工，打印输出该职工所有信息即可，若比较完还没有找到，也输出提示信息。

程序编写如下：

```
    parameter(n=500)
    type clerk_record
      integer num
      character * 6 name
      logical sex
      integer age
      integer sal
    end type
    type(clerk_record) cr(n)
    integer number
    open(1,file='clerk.txt',status='old')
    do i=1,n
      read(1,100) cr(i)
    end do
    print * ,"enter a clerk's number:"
    read * ,number
    do i=1,n
      if(number==cr(i)% num) then
        print * ,'工号    姓名    性别  年龄    工资'
        print 100,cr(i)
        exit
      end if
    end do
    if(i>n) print * ,'can not find the clerk!'
100 format(i8,3x,a6,3x,a2,3x,i2,3x,i4)
    close(1)
    end
```

程序中数据文件 clerk. txt 格式应与 read 语句格式一致,并且数据文件与程序放在同一个 project 中。为简便起见,设定职工人数为 10 人,建立数据文件 clerk. txt 如图 9.2 所示。

上面数据文件中第一列数据前有两个空格,每列数据间有三个空格。

程序运行结果如图 9.3 所示。

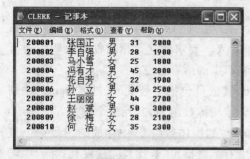

图 9.2 数据文件 clerk. txt 窗口

图 9.3 例 9-2 运行结果

【例 9-3】 输入若干名学生的学号和三门课程(语文、数学和英语)的成绩,要求打印出按平均成绩进行排名的成绩单。如果平均成绩相同,则名次并列,其他名次不变。要求用派生类型编写程序。

分析:首先定义一个派生类型 student_record,其成员包括学号 num、三门课程成绩 a、平均成绩 ave、排名 s,其中 a 为包含三个元素的数组。再根据派生类型声明一个结构体数组 class,其元素个数为学生人数。

排名及输出方法参见例 6-11。

程序编写如下:

```
parameter(n=10)
type student_record
  integer num,s
  real a(3),ave
end type
type(student_record) class(n)
print 100,"请输入",n,"个学生的学号和成绩:"
do i=1,n
  read * ,class(i)%num,class(i)%a
  class(i)%ave= (class(i)%a(1)+class(i)%a(2)+class(i)%a(3))/3.0
end do
do i=1,n
  k=0
  do j=1,n
    if(class(j)%ave>class(i)%ave) k=k+1
  end do
  class(i)%s=k+1
end do
```

```
print * ,''
print * ,'按照平均分排名如下：'
print * ,'----------------------------------------------------'
print * ,'名次     学号     语文     数学     英语     平均成绩'
do i=1,n
    do j=1,n
        if(class(j)%s==i) print 200,class(j)%s,class(j)%num,class(j)%a,&
                                      &class(j)%ave
    end do
end do
100 format(a,i3,a)
200 format(i5,i10,4f8.1)
end
```

程序运行结果如图 9.4 所示。

图 9.4 例 9-3 运行结果

习 题 9

1. 某班要建立学生信息档案，学生信息数据包括：学号、姓名、性别、年龄、家庭住址、5 门课程成绩。请定义一个学生信息的派生类型，并定义一个能保存全班 50 人信息的结构体数组。

2. 输入 10 名学生的学号、姓名、性别和一门课程的成绩，要求打印出不及格学生的所有信息。

3. 已知职工工资表记录包括：职工号、姓名、年龄、职称、工资，建立一个 10 个职工组成的记录表，打印输出职工中工资最高者和最低者所有信息，以及工资总额和平均工资。

4. 输入 10 个数，将它们从小到大排序，输出排序后的数及这些数在排序前的次序号。

5. 设有 30 名投票人给 5 名候选人投票，请统计候选人得票结果。要求建立数据文件存放投票信息，并按票数由多到少的次序输出每名候选人的姓名、票数及占总票数的百分比。

6. 教室分配问题。某校共有 20 间教室，每个教室规定了教室编号和座位数。现有若干个班级需要分配教室，班级个数不定，一个教室只能分配给一个班级，一个班级也只能分配一个合适教室（座位数大于或等于班级人数且最接近班级人数的教室）。输入班级编号和人数，进行教室分配，输出教室分配结果：班级编号、人数、有无教室分配给该班、分配的教室编号、座位数。

7. 请修改例 9-3 中的程序，使之满足下面的要求：

（1）把输入的数据存放在文件中，通过程序调用文件来给变量赋值。

（2）将成绩单除了在屏幕上显示以外，还要存放在另一个数据文件中。

第 **10** 章 指 针

教学目标：
- 学会指针的定义方法。
- 掌握两种常见的指针的使用方式。
- 掌握指针数组的定义格式。
- 学会使用指针数组。
- 学会结点的定义方法。
- 掌握链表的基本操作。

指针是程序设计语言中一个非常有用的概念，它使语言的功能大大加强。它既可以用来保存变量，也可以动态使用内存，更高级一点则可以应用在特别的"数据结构"上，例如创建"串行结构"、"树状结构"等。

本章主要介绍指针的基本概念和应用。

10.1　指针的概念

要理解和掌握指针的概念，必须弄清楚数据在内存中是如何存储的，又是如何读取的。

如果在程序中定义了一个变量，在编译时就给这个变量分配内存单元。系统根据定义变量的数据类型，分配一定长度的空间。例如，一般微机的 Fortran 95 系统为整型变量分配 4 个字节，单精度实型变量分配 4 个字节，长度为 5 的字符型变量分配 5 个字节，元素个数为 3 的数组分配 12 个字节等。内存区的每一个字节都有一个"编号"，这就是地址。内存就好比一个大旅馆，内存单元的地址就相当于房间号，内存单元里的数据则相当于旅馆中各房间的旅客。

如同旅客和房间号是两个概念一样，一个内存单元的内容和地址也是两个概念。

如图 10.1 所示，假设程序中已经定义了三个整型变量 i、j 和 k，编译时系统分配 2001～2004 的 4 个字节给变量 i，2005～2008 的 4 个字节给变量 j，2009～2012 的 4 个字节给变量 k。在程序中一般通过变量

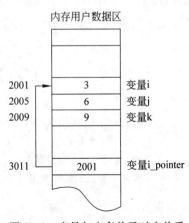

图 10.1　变量与内存单元对应关系

名来对内存单元进行存取操作。程序经过编译后已经将变量名转换为变量的地址,对变量值的存取都是通过地址进行的。例如有赋值语句 k＝i＋j,执行情况是这样的:先找到变量 i 的起始地址 2001,然后从由 2001 开始的 4 个字节中取出变量 i 的值 3,再从起始地址 2005 开始的 4 个字节中取出 j 的值 6,把它们相加后将其和值 9 送到 k 所占的起始地址为 2009 的 4 个字节的整型存储单元中。这种按变量地址存取变量值的方式称为"直接访问"方式。

除此之外,还可以采用一种称为"间接访问"的方式,定义一个变量 i_pointer 作为变量 i 的一个别名,将变量 i 的地址存放到变量 i_pointer 中。变量 i_pointer 被分配 3011～3014 的 4 个字节,通过下面语句将 i 的起始地址(2001)存放到 i_pointer 中,使变量 i_pointer 指向 i,i 成为 i_pointer 的目标变量。

i_pointer=>i

通过赋值语句 i_pointer＝3,采用"间接访问"方式,将数值 3 送到变量 i 中。

图 10.2 为直接访问和间接访问的示意图。为了将数值 3 送到变量 i 中,可以有两种方法:

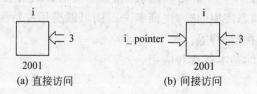

图 10.2　直接访问和间接访问的示意图

(1) 将 3 送到变量 i 所占的单元中,见图 10.2(a),即"直接访问"。

(2) 将 3 送到变量所 i_pointer "指向"的单元中,图 10.2(b),即"间接访问"。

在 FORTRAN 语言中,所谓"指向"就是通过给目标变量冠以别名的方式来体现的。i_pointer 就是变量 i 的一个别名,这样在 i_pointer 和 i 之间就建立了一种联系,即通过 i_pointer 能知道变量 i 所占用的内存中所存放的内容。图中用箭头来表示这种"指向"关系。FORTRAN 中,称一个变量的别名为该变量的"指针"。那个作为别名的变量就是"指针变量"。例如 i_pointer 即为变量 i 的指针,i_pointer 就是指针变量。

10.2　指针的定义

指针变量定义的一般格式为:

类型说明,target::目标变量名 1,目标变量名 2,…
类型说明,pointer::指针变量名 1,指针变量名 2,…

说明:
(1) 定义指针变量前,必须先要定义指针变量的目标变量。

（2）指针是一种特殊的变量,特殊性表现在类型和值上。从变量来讲,指针也具有变量的三个要素:

① 变量名,这与一般的变量命名规则相同。

② 指针变量的类型,是指针所指向变量的类型,而不是自身的类型。

③ 指针的值是某个变量在内存中的地址,即变量的内存地址。

例如:

```
integer, target ::i, j
integer, pointer ::p1, p2
```

上面两个语句定义了两个目标变量 i、j 和两个指针变量 p1、p2。

10.3 指针的使用

指针变量的使用有两种方式,即指向一般变量(非指针变量)和指向动态存储(程序运行中)空间。

10.3.1 指向一般变量的应用

对于一般变量,指针记录变量的内存位置,称为指向,其后指针相当于该一般变量的别名,这一变量在说明时必须具有 target 属性。

指针变量的赋值格式为:

指针变量=>目标变量或另一指针变量

说明:

（1）多个指针变量可以指向同一目标变量,但是,一个指针变量只能指向一个目标变量,不能同时指向多个目标变量。

（2）指针变量和目标变量的数据类型必须一致。

（3）指针变量是其目标变量的别名,在编译时当作同一变量,指针变量的使用就是对目标变量的使用。

（4）在程序中,指针变量有三种状态:

① 未定义状态,在程序初始化状态中,所有指针处于这种状态。

② 空指针,只是指针不是任何目标变量的别名。

③ 关联状态,指针是某一目标变量的别名。只有在这种状态下,指针才能参与运算,否则会出错或是非法操作。

例如:

```
p1=>i        (把变量 i 的地址存放在指针 p1 中)
p2=>j        (把变量 j 的地址存放在指针 p2 中)
```

接下来通过例题来看指针变量的应用。

【例 10-1】 编写程序,实现以下要求:用指针变量来记录另一个目标变量的地址,再经过指针来读写数据。

程序编写如下:

```fortran
implicit none
integer, target ::a=1              !定义一个目标变量
integer, pointer::p                !定义一个指向整数的指针
p=>a                               !把指针 p 指到变量 a
print * ,p
a=5                                !改变 a 的值
print * ,p
p=8
print * ,a
end
```

程序中,指针 p 指向变量 a 的存储单元,故改变一个的值,另一个的值也会跟着改变。程序运行结果如图 10.3 所示。

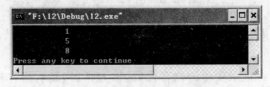

图 10.3　例 10-1 运行结果

其中:1 表示第一次显示指针 p 所指到的变量内容;5 表示第二次显示指针 p 所指到的变量内容;8 表示显示这个时候变量 a 的值。

从这个例子可以看出,指针的第一种使用方式,只要将指针复制到一个目标变量上,使用指针和使用这个一般变量没有差别。

【例 10-2】 编写程序实现指针变量指向另一个指针变量,观察指针变量值的变化情况。

程序编写如下:

```fortran
implicit none
real, target ::a1=15, a2=27
real, pointer ::p1, p2
p1=>a1
p2=>p1
print * , p1,p2,a1
p2=>a2
print * , p1, p2
p1=p2
print * , p1,p2,a1,a2
end
```

程序运行结果如图 10.4 所示。

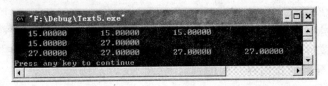

图 10.4 例 10-2 运行结果

程序中,指针赋值语句 p1=>a1 指定指针变量 p1 为变量 a1 的别名,指针赋值语句 p2=>p1 指定指针变量 p2 为指针变量 p1 的别名。因为 p1 已经指向了 a1,所以 p2 同样 是 a1 的别名,如图 10.5(a)所示。因此输出结果的第一行均为 15.00000。

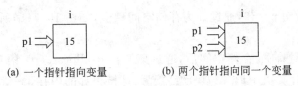

(a) 一个指针指向变量   (b) 两个指针指向同一个变量

图 10.5 指针

指针赋值语句 p2=>a2 指定指针变量 p2 为变量 a2 的别名,如图 10-5(b)所示。因 此输出结果的第二行分别为 15.00000 和 27.00000。

10.3.2 指向动态存储空间

在程序执行过程中,可以动态地分配存储空间,通过指针指向这一空间来进行应用。

【例 10-3】 指针指向动态存储空间示例。

程序编写如下:

```
implicit none
integer, pointer ::p          !定义一个可以指向整型数的指针
allocate(p)                   !动态分配一块可以存放整型数的存储空间给指针 p
p= 50                         !得到存储空间后,指针 p 可以像一般整型变量一样来使用
print * ,p
deallocate(p)
end
```

程序运行结果如图 10.6 所示。

图 10.6 例 10-3 运行结果

程序中,使用了函数 allocate 和 deallocate,函数 allocate 在第 6 章中已经介绍过,那

时候是用来配置一块内存空间给动态数组使用,它也可以用来配置一块内存空间给指针使用,如本例。

这里指针变量 p 是一个能存储整型变量内存地址的指针变量,通过第 3 行 allocate(p)语句为p配置了4个字节的整型存储空间,并将地址存放在指针 p 中,使指针变量p成为动态分配所得内存空间的别名,如图 10.7(a)所示。

(a) 指针指向动态数组　　　　(b) 给指针赋值

图 10.7　指针变量 p 的运行过程

第 4 行赋值语句 p＝50,通过 p 为存储空间赋值,如图 10.7(b)所示。所以输出 p 的值为 50。

当不需要 p 所指向的存储空间后,通过第 6 行 deallocate(p) 语句释放其空间,如果不释放空间,会在计算机中形成一块已经配置,却被丢弃的内存。一般而言,函数 allocate 和 deallocate 总是配套使用。

使用指针之前,一定要先设置好指针的目标。不然在程序执行时,会发生意想不到的情况。因为使用指针是使用它所存储的内存地址。还没设置指向的指针,不会知道哪里有内存可以使用。在这个时候使用指针,会出现内存使用错误的信息。

FORTRAN 提供函数 associated,用来检查指针是否已经设置指向。

```
associated(指针变量名[,变量名])
```

函数的返回值为逻辑型,有以下三种情况:

(1) 函数的参数只有一个指针变量名,如 asociated(p)。

如果 p 是一个目标变量的别名,即指针变量已经指向了一个目标变量,函数返回.true.;否则返回.flase.。

(2) 函数有两个参数,第 2 个参数是一目标变量名。

如果指针变量是第 2 个参数所代表的目标变量的别名,函数返回.ture.;否则返回.flase.。

(3) 函数有两个参数,且第 2 个参数也是指针变量名。

当这两个指针均为空或它们指向同一个目标变量时,函数返回.ture.;否则返回.flase.。

Fortran 95 可以使用 nullify 语句,又称置空语句将指针变量设置成空状态。

【例 10-4】　associated 的应用。

程序编写如下:

```
implicit none
integer, pointer ::a
integer, target ::b=1,c=2
nullify(a)                        !将指针 a 设为空指针
```

```
print * , associated(a)                !函数值为 false
a=>b
print * , associated(a)                !函数值为 true,指针 a 已赋值
print * , associated(a,b)              !函数值为 true,指针 a 指向目标变量 b
print * , associated(a,c)              !函数值为 false,指针 a 不指向目标变量 c
end
```

程序运行结果如图 10.8 所示。

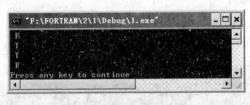

图 10.8　例 10-4 运行结果

指针可以声明成任何数据类型,甚至是用户自定义的数据类型。但是不管指针是用来指向哪一种数据类型的,每一种指针变量都占用相同的内存空间。因为指针变量实际上是用来存放内存地址的,以现在的 32 位计算机来说,存放一个内存地址,固定需要使用 4 个字节的空间。

10.4　指针与数组

指针也可以定义成数组,定义成数组的指针同样可以有两种使用方法,即将指针指向其他数组和动态配置内存空间来使用。

10.4.1　指针指向其他数组

定义指针数组指向目标数组。指针数组定义格式为:

类型说明,dimension(: … :),pointer::x

【例 10-5】　一维指针数组应用 1。

程序编写如下:

```
implicit none
integer, pointer ::p(:)
integer, target ::a(5),b(10)
integer i
p=>a
do i=1,5
 p(i)=13- i
enddo
```

```
      print 10, a
10    format(1x,5i5)
      p=>b
      do i=1,10
        b(i)=i
      enddo
      print 20,p
20    format(1x,10i5)
      end
```

程序运行结果如图 10.9 所示。

图 10.9 例 10-5 运行结果

程序中,p 为指向一维整型数组的指针数组,指针数组在定义时只要说明它的维数就可以了,不能说明它的大小,类似于动态数组。

被当成目标给指针使用的数组,在定义时同样要加上 target 说明。

第 5 行指针赋值语句 p＝＞a 使指针数组 p 成为一维数组 a 的别名,因此对 p 的运算等同于对 a 的运算,即 p(1)＝＞a(1),p(2)＝＞a(2),p(3)＝＞a(3) ,p(4)＝＞a(4),p(5)＝＞a(5)。同样,第 11 行指针赋值语句 p＝＞b 使指针变量 p 成为一维数组 b 的别名,对 b 的运算等同于对 p 的运算。

【例 10-6】 一维指针数组应用 2。

程序编写如下:

```
implicit none
integer, pointer ::p(:)
integer, target ::a(5)=(/1,2,3,4,5/)
p=>a(1:3)
print *, p
p=>a(1:5:2)
print *, p
p=>a(5:1:-1)
print *, p
end
```

程序运行结果如图 10.10 所示。

程序中可以看到指针数组可以只选择目标数组当中的一部分来使用,第 4 行取出数组 a 中的前三个元素来使用。这时指针数组 p 的大小为 3,相当于 p(1)＝＞a(1),p(2)＝＞a(2),p(3)＝＞a(3)。

还可以间隔着选择目标数组中的一部分来使用,第 6 行取出数组 a 的第 1、3、5 个元

图 10.10　例 10-6 运行结果

素来使用。即 p(1)=>a(1),p(2)=>a(3),p(3)=>a(5)。

逆序赋值也可以做到,第 8 行将指针数组 p(1)~p(5)逆向指向数组 a,即 p(1)=>a(5),p(2)=>a(4),p(3)=>a(3) ,p(4)=>a(2),p(5)=>a(1)。

以上两个例题是一维指针数组,也可有多维指针数组。

【例 10-7】　多维指针数组应用。

程序编写如下:

```
implicit none
integer, pointer ::p(:, :)
integer, target ::a(3,3,2)
integer i
do i=1,3
    a(:, i, 1)=i
    a(:, i, 2)=2 * i
enddo
p=>a(:,:,1)
print'(9i3)',p
p=>a(1:3:2,1:2,2)
print'(4i3)', p
end
```

程序运行结果如图 10.11 所示。

图 10.11　例 10-7 运行结果

本例中用二维指针数组 p 指向三维数组 a 中的其中一小部分。

经过赋值,三维数组 a 如下:

a(1,1,1)	a(1,2,1)	a(1,3,1)	1	2	3
a(2,1,1)	a(2,2,1)	a(2,3,1)	1	2	3
a(3,1,1)	a(3,2,1)	a(3,3,1)	1	2	3
a(1,1,2)	a(1,2,2)	a(1,3,2)	2	4	6

$$a(2,1,2) \quad a(2,2,2) \quad a(2,3,2) \qquad 2 \quad 4 \quad 6$$
$$a(3,1,2) \quad a(3,2,2) \quad a(3,3,2) \qquad 2 \quad 4 \quad 6$$

第9行中,p=>a(:,:,1),这时二维指针数组 p 是 3×3 的指针数组,指向 a 数组的片断,即

$$p(1,1)=>a(1,1,1), \quad p(1,2)=>a(1,2,1), \quad p(1,3)=>a(1,3,1)$$
$$p(2,1)=>a(2,1,1), \quad p(2,2)=>a(2,2,1), \quad p(2,3)=>a(2,3,1)$$
$$p(3,1)=>a(3,1,1), \quad p(3,2)=>a(3,2,1), \quad p(3,3)=>a(3,3,1)$$

第11行中,p=>a(1:3:2,1:2,2),这时二维指针数组 p 是 2×2 的指针数组,指向 a 数组的片段,即:

$$p(1,1)=>a(1,1,2), \quad p(1,2)=>a(1,2,2)$$
$$p(2,1)=>a(3,1,2), \quad p(2,2)=>a(3,2,2)$$

所以有如上结果。

在程序中需要常常使用数组的一小部分时,定义一个指针来使用这一部分的数组,使用起来会比较方便。

10.4.2　指针指向动态配置的内存空间

指针数组除了可以指向某个目标数组之外,还可以使用 allocate 来配置一块内存空间使用,所以指针数组也可以拿来当作动态数组使用。

【例 10-8】　指针数组当作动态数组。

程序编写如下:

```
integer,pointer ::a(:)          !定义 a 是一维指针数组
allocate(a(5))                  !配置 5 个整数的空间给指针数组 a
a= (/1,2,3,4,5/)
print * , a
deallocate(a)                   !应用完成后释放相应内存空间
end
```

程序运行结果如图 10.12 所示。

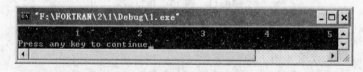

图 10.12　例 10-8 运行结果

通过指针数组的这种使用方法可以有效地避免存储空间的浪费,可以在程序运行时给数组分配大小。

【例 10-9】　利用指针数组打印下三角矩阵,如图 10.13 所示。

$$\begin{bmatrix} 1 & 0 & 0 & 0 \\ 1 & 1 & 0 & 0 \\ 1 & 1 & 1 & 0 \\ 1 & 1 & 1 & 1 \end{bmatrix}$$

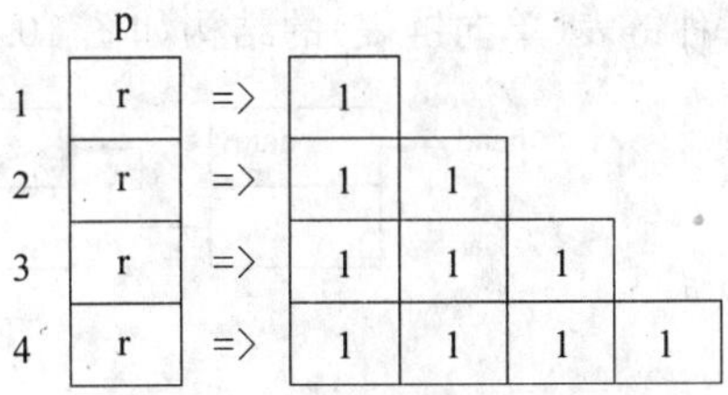

程序编写如下：

图 10.13　要打印的三角矩阵

```
implicit none
integer n,i,j
parameter (n=4)
type   row
    integer,pointer::r(:)
end type
type(row)::p(n)
do i=1,n
    allocate(p(i)%r(1:i))
enddo
do i=1,n
    p(i)%r(1:i)=1
enddo
do i=1,n
    print * , (p(i)%r(j),j=1,i)
enddo
do i=1,n
    deallocate(p(i)%r)
enddo
end
```

程序运行结果如图 10.14 所示。

图 10.14　例 10-9 运行结果

10.5　指针与链表

　　指针重要的用途之一是使得数据在计算机中可以按链接方式存储,而在链接存储中,最简单的是链表。本节将介绍链表的一些基本知识。

　　链表是一种常见的重要的动态数据结构。它可以根据需要开辟内存单元。最简单的一种链表(单向链表)的结构如图 10.15 所示。

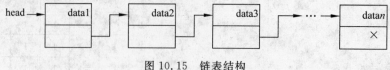

图 10.15　链表结构

　　链表有一个"头指针"变量,图 10.15 中以 head 表示,它指向链表中的第一个结点。链表中每个结点都应包括两部分内容,即用户需要的实际数据和指针。数据可以包含多个数据项。指针的作用是指向下一个结点,从而环环相扣,构成链表。从图中可以看出,head 指向第一个结点;第一个结点又指向第二个结点,……,直到最后一个结点,该结点指针不再指向其他结点,称为空指针,这一结点称为"表尾",链表到此结束。

　　可以看出,链表中各结点在内存单元中可以不是连续存放的。要找某一结点,只须先找到上一个结点,根据它提供的指针来查找到下一个结点。因此要提供"头指针"head,否则整个链表都无法访问。链表如同一个铁链,一环扣一环,中间不能断开。只要知道头指针,就能找到第一个结点,然后顺序找到每一个结点。

　　可以看出,链表这种数据结构,必须利用指针变量才能实现环环相扣的要求。即一个结点中应包含一个指针变量成员,用它指向下一个结点。前面介绍了派生类型和结构体,它包含若干成员。这些成员可以是 5 种基本数据类型、数组类型,也可以是指针类型。这个指针类型可以指向其他派生类型数据,也可以指向它所在的派生类型数据。因此结点可以用派生类型和结构体来实现。

10.5.1　结点的定义

　　结点是存放数据的基本单位,前面学习的数组当中的每一个元素都可以看作一个结点,这是一类最简单的结点。

　　复杂的结点包含多种类型的数据,一般定义为一个结构体,定义的一般格式为:

```
type node
    用户数据成员定义
    type(node), pointer::next
end type
```

具有这种派生类型的结构体变量可以作为一个结点。next 是成员名,它是指针类型,指向 type(node)派生类型。用这种方法建立链表。

例如:

```
type node
    integer num
    real score
    type(node),pointer::next
end type
```

如图 10.16 所示。其中每一个结点都属于 type(node)类型,它的成员 next 存放下一个结点的地址,程序设计人员可以不必知道具体地址是什么,只要保证将下一个结点的地址放到前一个结点的成员 next 中。

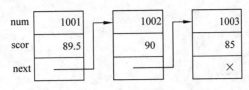

图 10.16　派生类型链表结构

需要注意的是,这里只是定义了一个 type(node)派生类型,并未实际分配存储空间。链表是动态进行存储空间分配的,即在需要的时候才开辟一个结点的存储空间。利用 allocate 函数来配置内存空间。

有了以上的初步认识后,就可以对链表进行操作了。链表的基本操作包括建立链表、插入或删除链表中的一个结点,输出链表等。

10.5.2　链表的基本操作

1. 建立和输出链表

在程序中要使用链表,首先要建立链表。建立链表是指从无到有地建立起一个链表,即一个一个地输入各结点数据,并建立起前后相连的关系。这里通过一个例题来说明如何建立一个链表。

【例 10-10】　编写程序建立有 5 名学生数据的单向链表,并输出程序。

分析:为了便于理解,假设链表结点仅包含一个数据项 num 和一个指针项 next。

设两个指针变量:head、p,它们都指向派生类型数据。首先将 head 置空,这是链表为“空”时的情况,以后增加一个结点就使 head 指向该结点。用 allocate 函数开辟一个结点,并使 p 指向它。然后从键盘输入一个学生的数据给 p 所指向的结点。这里约定学号不会为零,如果输入的学号为 0,则表示建立链表过程结束,该结点不被连接到链表中。

如果输入的 p%num 不等于 0,head=>p,使 head 指向新开辟的结点,即第一个结点建立了有一个结点的链表。然后再开辟另一个结点并使 p 指向它,接着输入该结点的数据。如果输入的 p%num≠0,则在第一个结点前链入第 2 个结点,令 p%next=head,将原链表结点指针 head 赋予指针 p 的 next 项,建立链接关系,后令 head=>p,使 head 再指向新结点,建立了具有两个结点的链表。重复如上操作,再开辟另一个结点并使 p 指向它,并输入该结点的数据,令 p%next=>head,将第 3 个结点连接到第 2 个结点之前,并令 head=>p,使 head 再指向新结点,为建立下一个结点做准备。

依此类推,建立第 4 个结点和第 5 个结点。开辟第 6 个新结点后,如果输入 p%num=0,不再执行循环,这个新结点不被连接到链表中。建立链表过程到此结束。

链表输出指将链表中各结点的数据依次输出,这一问题比较容易处理。首先知道头指针 head 的值,设一个指针变量 p,令 p=>head,使 p 指向第一个结点,输出 p 所指的结点。然后令 p=＞p％next，使 p 后移一个结点，再输出，直到链表结束。

程序编写如下：

```
type node
    integer num
    type(node),pointer::next
end type
type(node),pointer::head,p
nullify(head)
print*,'请输入数据,输入 0 结束:'
allocate(p)
read*,p%num
do while(p%num/=0)
    p%next=>head
    head=>p
    allocate(p)
    read*,p%num
enddo
p=>head
do while(associated(p))
  print*,p%num
  p=>p%next
enddo
end
```

图 10.17　例 10-10 运行结果

程序运行结果如图 10.17 所示。

程序中链表的建立是逆序的，即通过从表头插入结点来创建链表，因此在输出时，是从最后一个结点开始，到第一个结点结束。

【例 10-11】　将例 10-10 中依据结点输入顺序建立链表，即通过从表头后依次链入结点来创建链表。

分析：设三个指针变量：head、p1、p2，它们都指向派生类型数据。首先将 head 置空，这是链表为"空"时的情况，以后增加一个结点就使 head 指向该结点。用 allocate 函数开辟一个结点，并使 p1、p2 指向它。然后从键盘输入一个学生的数据给 p1 所指向的结点。同样约定学号不会为零，如果输入的学号为 0，则表示建立链表过程结束，该结点不被连接到链表中。

如果输入的 p1％num 不等于 0，且输入的是第 1 个结点（n=1）数据时，令 head=＞p1，使 head 指向新开辟的结点，即第 1 个结点。然后再开辟另一个结点并使 p1 指向它，接着输入该结点的数据。如果输入的 p1％num≠0，则链入第 2 个结点，由于 n≠1，则令 p2％next=＞p1，使第 1 个结点的 next 成员指向第 1 个结点。接着使 p2=＞p1，也就是使 p2 指向刚才建立的结点。重复如上操作，再开辟另一个结点并使 p1 指向它，并输入该结点的数据，令 p2％next=＞p1，将第 3 个结点连接到第 2 个结点之后，并使 p2=＞p1，为建立下一个结点做准备。

依此类推,建立第 4 个结点和第 5 个结点。开辟第 6 个新结点后,如果输入 p1%num＝0,不再执循环,这个新结点不被连接到链表中。此时将 p2%next 置空,建立链表过程到此结束,p1 最后所指的结点没有被链入链表,第 5 个结点的 next 成员置空,不指向任何结点。

程序编写如下:

```
type node
    integer num
    type(node),pointer::next
end type
type(node),pointer::head,p1,p2
integer::n=0
nullify(head)
print * ,'请输入数据,输入 0 结束:'
allocate(p1)
p2=>p1
read * ,p1%num
do while(p1%num/=0)
    n=n+1
    if(n==1) then
      head=>p1
    else
        p2%next=>p1
    endif
    p2=>p1
    allocate(p1)
    read * ,p1%num
enddo
nullify(p2%next)
p1=>head
do while(associated(p1))
  print * , p1%num
  p1=>p1%next
enddo
end
```

程序运行结果如图 10.18 所示。

程序中链表的建立是按输入结点顺序依次建立的。

2. 插入结点

用 p0 表示待插入结点,首先执行以下语句创建结点 p0:

```
allocate(p0)
```

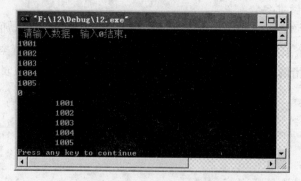

图 10.18　例 10-11 运行结果

```
read*,p0%num
nullify(p0%next)
```

将一个结点插入到链表中可以分为以下 4 种情况：

（1）链表为空表

如果链表为空表，即头指针 head 为空指针，可执行以下赋值语句实现插入。

```
head=>p0
```

（2）在表头前插入

要在表头结点前插入新结点，可执行下面赋值语句实现插入。

```
p0%next=>head
head=>p0
```

（3）在表中某结点后插入

链表头指针为 head，指针 p 指向链表中某一结点（不是表尾结点），将新结点 p0 插入到 p 结点之后，可执行下面的赋值语句实现插入。

```
p0%next=>p%next
p%next=>p0
```

（4）在表尾插入

链表头指针为 head，指针 p 指向链表表尾结点，将新结点 p0 插入到 p 结点之后，可执行下面的赋值语句实现插入。

```
p%next=>p0
```

【例 10-12】　设已有一个按成员项 num 由小到大的顺序排列链表，输入一个新结点插入到已有链表中，插入后仍满足按成员项 num 由小到大排列的顺序。编写插入结点子程序。

```
subroutine insert(head,p0)
  type(node),pointer::head,p,p0,p1
  if(.not.associated(head)) then
```

```
        head=>p0
    else if(p0%num<head%num) then
        p0%next=>head
     head=>p0
    else
        p1=>head
        do while(associated(p1).and.p1%num<p0%num)
          p=>p1
          p1=>p1%next
        enddo
        if(associated(p1)) then
            p0%next=>p%next
            p%next=>p0
        else
            p%next=>p0
        endif
    endif
end subroutine insert
```

3. 删除结点

已有一个链表,希望删除其中某个结点,用 p0 表示待删除结点,可以分为以下两种情况:

(1)删除表头结点

链表头指针为 head,指针 p0 指向表头结点,可以执行以下语句实现删除。

```
head=>p0%next
```

(2)删除非表头结点

链表头指针为 head,指针 p0 指向待删除结点,p 指针指向待删除结点 p0 的前一个结点,可以执行以下语句实现删除。

```
p%next=>p0%next
```

【例 10-13】 设已有一个链表,输入要删除学生信息的学号,将满足条件的结点从链表中删除。编写删除结点子程序。

```
subroutine del(head,num)
    type(node),pointer::head,p,p0
    if(.not.associated(head)) then
        print*,'无学生数据,删除失败。'
    else
        p0=>head
        do while(associated(p0).and.p0%num/=num)
          p=>p0
```

```
        p0=>p0%next
    enddo
    if(associated(p0)) then
        if(associated(p0,head))then
            head=>p0%next
            deallocate(p0)
        else
            p%next=>p0%next
            deallocate(p0)
        endif
        print * , '删除:',num
    else
        print * , '找不到该结点，删除失败。'
    endif
    endif
end subroutine del
```

10.5.3 综合实例

用链表完成学生情况的管理,已知学生包含姓名、学号和一门课程的成绩等基本信息。建立 n 个学生的链表(n 由键盘输入),完成按学号的排序、插入、查找和删除等操作。
程序编写如下:

```
module link
    type node
        integer num
        character(10) name
        real score
        type(node),pointer::next
    end type
contains

subroutine creat(head,n)
    type(node),pointer::head,p1,p2,p
    integer::i,num
    nullify(head)
    print * ,'请输入学生基本数据:'
    do i=1,n
        allocate(p1)
        print 10,"输入第",i,"个学生的数据:"
    print 20,"学号:"
        read * , p1%num
    print 20,"姓名:"
```

```
        read * , p1%name
      print 20,"成绩:"
      read * , p1%score
      nullify(p1%next)
      if(i==1) then
            head=>p1
        else if(p1%num<head%num) then
            p1%next=>head
          head=>p1
        else
          p2=>head
          do while(p1%num>p2%num.and.associated(p2))
              p=>p2
              p2=>p2%next
          enddo
          if(associated(p2)) then
            p1%next=>p%next
            p%next=>p1
          else
            p%next=>p1
          endif
        endif
        enddo
10   format(a,i3,2x,a)
20 format(a,\)
end subroutine creat

subroutine output(head,n)
type(node),pointer::head,p
integer::i
p=>head
print 30,"序号","学号","姓名","成绩"
do i=1,n
  print 40, i,p%num,p%name,p%score
    p=>p%next
enddo
30 format(a4,2x,a4,2x,a8,2x,a6)
40 format(i3,3x,i4,2x,a8,2x,f4.1)
end subroutine output

subroutine insert(head,n)
    type(node),pointer::head,p,p0,p1
    print * ,'请输入插入学生的基本数据: '
    allocate(p0)
```

```fortran
      print 20,"姓名:"
   read * , p0%name
      print 20,"学号:"
      read * , p0%num
   print 20,"成绩:"
   read * , p0%score
   if(.not.associated(head)) then
       head=>p0
   else if(p0%num< head%num) then
      p0%next=>head
     head=>p0
   else
       p1=>head
     do while(associated(p1).and.p1%num< p0%num)
        p=>p1
        p1=>p1%next
       enddo
       if(associated(p1)) then
           p0%next=>p%next
           p%next=>p0
       else
           p%next=>p0
       endif
   endif
   n=n+1
20 format(a,\)
end subroutine insert

subroutine del(head,n)
   type(node),pointer::head,p,p0
   print * ,'请输入要删除学生的学号:'
   read * ,num
   if(.not.associated(head)) then
       print * ,'无学生数据,删除失败。'
   else
       p0=>head
       do while(associated(p0).and.p0%num/=num)
        p=>p0
        p0=>p0%next
       enddo
       if(associated(p0)) then
          if(associated(p0,head))then
              head=>p0%next
              deallocate(p0)
```

```
              else
                  p%next=>p0%next
                      deallocate(p0)
              endif
            print *, '删除: ',num,"的数据。"
             n=n-1
          else
              print *, '查无此人,删除失败。'
          endif
       endif
end subroutine del
subroutine index1(head)
   type(node),pointer::head,p,p1
   integer num
   print *,'请输入待查找学生的学号:'
   read *, num
   p=>head
   do while(associated(p))
      if(p%num==num) then
         exit
      else
         p=>p%next
      endif
   enddo
   if(.not.associated(p)) then
      print *, '查无此人!'
   else
      print 30,"序号","学号","姓名","成绩"
      print 40, i,p%num,p%name,p%score
   endif
   30 format(a4,2x,a4,2x,a8,2x,a6)
   40 format(i3,3x,i4,2x,a8,2x,f4.1)
end subroutine index1
end module link


program exam10
use link
type(node),pointer::head,p
integer n,num,key
do
print *
print *,"            选 择 菜 单"
print *,"_____"
print *
```

```fortran
print * ,"    1—输入学生数据"," 2—输出学生数据"
print * ,"    3—添加学生数据"," 4—删除学生数据"
print * ,"    5—查询学生数据"," 6—退出"
print * ,"_____"
print *
print '(a,\)', "请输入选择操作的序号:"
read * , key
if(key==1) then
   print * ,"请输入学生人数:"
   read * , n
   call creat(head,n)
   call output(head,n)
else if(key==2) then
   call output(head,n)
else if(key==3) then

     call insert(head,n)
else if(key==4) then
     call del(head,n)
else if(key==5) then
     call index1(head)
else
     exit
endif
enddo
end
```

习　题　10

1. 请问下面的变量,在目前的 PC 中分别会占用多少内存空间?

```fortran
integer   (kind=4)::a
real(kind=4)::b
real(kind=8)::c
character(len=10)::str
integer(kind=4), pointer ::pa
real(kind=4),pointer ::pb
real(kind=8),pointer::c
character(len=10),pointer::pstr
type student
   integer computer,english,math
endtype
type(student)::s
```

```
type(student),pointer::ps
```

2. 写出下列程序段的运行结果。

（1）

```
integer, target ::a=1
integer, target ::b=2
integer, target ::c=3
integer, pointer ::p
p=>a
print * ,p
p=>b
print * ,p
p=>c
print * ,p
p=5
print * ,c
end
```

（2）

```
implicit none
integer,pointer::s(:,:)
integer,tagter::a(2,3)
data a/1,2,3,4,5,6/
  s=>a
  s(1:2,1:3:2)=9
  print 10,a
  10 format(1x,6i3)
  end
```

（3）

```
implicit none
integer,pointer::s(:,:)
integer,tager::w(5,5)
integer i,j,x(5)
data w/5*1,5*2,5*3,5*4,5*5/
data x/5*10/
s=>w
do i=1,5
s(1:i,i:5)=x(i)+w(i,i)
enddo
print 10,((w(i,j),j=1,5),i=1,5)
10 format(1x,5i3)
end
```

3. 输入 10 个数,将其中最小的数与第一个数对换,把最大的数与最后一个数对换。用指针方法处理。

4. 建立一个链表,每个结点包括:学号,平均成绩。要求链表包括 8 个结点,从键盘输入结点中的有效数据,然后把这些结点的数据打印输出。

5. 已有 a,b 两个链表,每个链表中的结点包括学号、成绩。要求把两个链表合并,按学号升序排列。

6. 建立一个链表,每个结点包括学号、性别、年龄。输入一个年龄,如果链表中的结点所包含的年龄等于此年龄,则将此结点删去。

第11章 模块

教学目标：

- 掌握模块的定义方法。
- 学会使用 USE 语句。
- 掌握接口界面块定义格式。
- 学会使用接口界面块。
- 掌握函数和子例行程序的超载方法。
- 了解操作符的超载方法。

模块(module)是 Fortran 90 为适应面向对象程序设计方法而新增的功能，它是 FORTRAN 中很重要的一项添加功能。模块(module)的作用主要体现在把具有相关功能的函数及变量封装在一起、特性继承、操作超载等面向对象的操作。

目前，面向对象程序设计方法方兴未艾，支持面向对象设计方法，体现面向对象设计特色，已经成为新一代程序设计语言不可缺少的内容。面向对象的程序设计方法直接强调以问题域中的事物为中心来思考问题、认识问题，并根据这些事物的本质特征，把它们表示为系统中的对象。面向对象的程序设计方法比面向过程的结构化程序设计方法更结构化、更模块化和更抽象。一般认为，结构化程序设计强调了功能抽象和模块化，将解决问题看作是一个处理过程；而面向对象的程序设计则综合了功能抽象数据抽象，将解决问题看作分类演绎过程。简单地说，面向对象就是在做程序代码封装、数据封装、特性继承和操作超载等工作，这使得程序更加安全、可靠、高效，易于修改和维护。封装的代码和数据可以分为两类，一类是可以让大家直接使用的公共代码和数据，另一类是只能在内部使用的私有代码和数据。封装后的程序代码和数据比较安全。就好比银行内的网络管理系统和金库是银行的私有资产，为了安全，银行不会把网络管理系统和金库直接向客户开放，而是只能由银行内部特定工作人员对其进行操作。客户上银行取钱时，一定要通过银行的服务途径(银行柜台工作人员和自动取款机)才能取到钱，银行的服务途径可以看作是银行对外服务的接口，这个接口隐含了背后的实际工作情况。俗话说"老鼠生的儿子会打洞"，这说明子代可以从父辈那里继承一些信息。同样，在程序设计中，使用本章讲述的模块可以用类似继承的方式来重复使用代码。总而言之，面向对象程序设计方法给程序员两个思考方向：

(1) 为了安全，有些数据不应该让外界使用。

(2) 通过继承来重复使用程序代码。

11.1　模块的定义

模块定义的一般格式为：

```
module 模块名
    模块说明语句
    contains
    模块子程序定义 1
    模块子程序定义 2
    …
    模块子程序定义 n
end module 模块名
```

定义模块时需要注意：

(1) 模块中只能包含关于模块的说明语句和各种子程序单元，不能出现不属于任何一个子程序单元的可执行语句。

(2) 模块中各种子程序单元的存放顺序无关。

下面是一些模块定义的例子：

```
module  example1
    parameter (pi=3.1415926,g=9.8)        !声明了两个符号常量
    integer a,b                           !声明两个整型变量
    real x1,x2,shuzu(4,5)                 !声明两个实型变量和一个实型数组
    common a,b                            !声明一个无名公用区
end module example1

module example2                           !该模块只是声明了一个派生类型 student
    implicit none
    type student
      character * 10 name
      integer  age
      real  score(5)
    end type
end module

module  example3
    use example2                          !模块嵌套定义,结果是本模块继承了 example2 中
                                          !的所有信息,因而本模块中也有 student 类
    type(student) stu
    public greet                          !必须声明子例行程序的公有属性
    public                                !声明 a,b,c 是公有属性
    private a                             !声明 a 是私有属性
```

```
    integer a,b,c                          !声明 a 是私有整型变量,b 和 c 是公有整型变量
    contains
    subroutine greet()                     !子例行程序的定义
      print * ,'hello !',stu.name
    end subroutine
end module
```

11.2　use 语句

模块和子程序一样,不能独立运行,只能被主程序单元和其他单元调用。use 语句可以在主调程序单元调用已定义好的模块单元。

use 语句的格式为:

use　模块名

或

use　模块名,别名=>数据对象名或子程序名

或

use　模块名, only: 数据对象名或子程序名列表

其中,"use　模块名"是最简单形式,上面模块 example3 中就使用这种形式。但当被引用的模块或模块公有数据对象、子程序名称比较长或被引用的多个模块中含有相同名字时,"use　模块名,别名＝＞数据对象名或子程序名"方式就比较方便。当只是对模块中的个别数据对象或子程序进行引用时,only 方式比较适合,也可以在该方式下使用别名调用方式。

【例 11-1】　利用 11.1 节已定义了三个模块,编写三个简单的主程序调用它们,分别使用三种调用方法。

分别采用以上三种方法编写程序。

程序 1:

使用"use 模块名列表"方式调用模块 example3,输入学生姓名,调用该模块中的子例行程序 greet( ),对数据对象 b 和 c 赋值并打印输出。

```
program exam11_1_1
use example3
read * ,stu.name
call greet
b=2
c=5
print * ,b,c
end
```

程序运行结果如图 11.1 所示。

图 11.1　例 11-1 运行结果

程序中只使用了模块 example3,因模块 example3 中已调用过模块 example2,故无须在程序中再调用它。当然主调程序单元也可以调用一个模块而不使用它。

程序 2:

使用"use 模块名,别名＝＞数据对象名或子程序名"方式调用模块 example1 和模块 example3,别名调用该模块中的数据对象 a 和 b。a 和 b 在两个模块中均被声明过,在主程序调用时就存在名称冲突,必须对起冲突的数据对象或子程序名进行别名使用。

```
program exam11_1_2
use example1,a1=>a,b1=>b
!在主程序中以 a1 和 b1 使用 example1 中的 a 和 b
use example3
a1=35
b1=27
b=a1+b1                    !b 是 example3 中的 b,不再与 example1 中的 b 冲突
print *,a1,b1,b
end
```

程序运行结果如图 11.2 所示。

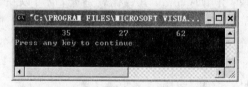

图 11.2　例 11-1 运行结果

程序 3:

使用 only 方式调用模块 example1 中的数据对象 a 和 b;以 only 和别名调用的组合方式调用模块 example3 中数据对象 b,并对它们操作后输出。

```
program exam11_1_3
use example1,only:a,b
use example3,only:b1=>b
a=35
b=27
b1=a+b
print *,a,b,b1
```

end

程序运行结果如图 11.3 所示。

图 11.3　例 11-1 运行结果

【例 11-2】　使用模块知识,编写求解圆面积和周长的程序。

分析:将圆面积函数子程序和周长函数子程序放在模块中作为模块函数子程序,通过主程序调用实现计算。

程序编写如下:

```
module circle
parameter(pi=3.14159)
private pi
contains
function zhouchang_r(r)
    zhouchang_r=2*pi*r
end function
function area_r(r)
    area_r=pi*r*r
end function
end module

use circle
real r,l,area
read*,r
l=zhouchang_r(r)
area=area_r(r)
print*,'圆周长是',l,'圆面积是',area
end
```

从上面的例题可以看出,主调单元因调用了模块,就继承了模块的公有属性的数据对象和子程序,也就能够直接使用这些对象。实际上模块中的数据对象也可以作为不同程序单元传递数据的工具,只需把模块中的变量定义为全局变量即可。在模块定义中指定为 save 的变量,功能上等同于全局变量。为了体现这一点,将上面的程序改写为如下形式:

```
module circle
  parameter(pi=3.14159)
```

```
    public
    real,save ::r                          !r是全局变量
contains
    function zhouchang_r(r)
    zhouchang_r=2 * pi * r
    end function
end module
!主程序单元
program exam11_2_2
    use circle                             !调用继承模块 circle 中的数据对象和函数子程序
    real l,area
    read * ,r                              !在主程序中对全局变量赋值
    l=zhouchang_r(r)
    call dayin()
    area=area_r(r)
      print * ,'圆周长是', l,'圆面积是',area
end
!子例行程序 dayin()修改全局变量 R 的值并打印 R
subroutine   dayin()
use circle,only:r                          !引用模块中的数据对象 r
write(* ,* ) r
r=10                                       !在子例行程序单元对全局变量重新赋值
write(* ,* ) r
return
end subroutine
!用来计算圆面积的函数子程序
function area_r(s)
  use circle,only:pi                       !引用模块中的数据对象 pi
  area_r=pi * s * s
end function
```

程序运行结果如图 11.4 所示。

图 11.4　例 11-2 运行结果

注意,出现这种结果的原因是周长计算使用的半径是 5,而面积计算使用的半径是 10。

11.3 接口界面块

FORTRAN 语言的接口界面块 interface 是一段程序模块,是用来说明所要调用函数的参数类型及返回值类型等的"使用接口"。在一般情况下,使用外部子程序时不需要特别说明它们的"使用接口",但是在下面这些情况下,必须在主调程序中使用接口界面块:

(1) 函数返回值为数组。

(2) 函数返回值是长度未知的一个字符串。

(3) 函数返回值为指针。

(4) 所调用的子程序参数数目不固定。

(5) 所调用的子程序虚参是一个数组片段。

(6) 所调用的子程序改变参数传递位置。

(7) 调用外部子程序时使用关键字实参变元或默认的可选变元。

(8) 所调用的子程序扩展了赋值号的使用范围。

(9) 接口界面块的定义和引入可以很好地在主调程序单元中描述外部子程序的调用信息,保证了外部子程序的正确使用。

接口界面块定义的一般格式是:

```
interface
        接口界面体
end interface
```

例如:

```
interface
    real  function  area(r1, r2)
     real r1, r2
    end function
  subroutine  zhuanzhi(a)
    integer, dimension ::a(20)
  end subroutine
end interface
```

该接口界面块声明了一个外部函数子程序 area 和一个外部子例行子程序 zhuanzhi 的接口界面。

接口界面块说明:

(1) 接口界面块以 interface 表征开始,以 end interface 为结束标记。

(2) 接口界面块可以出现在主程序单元、模块单元和外部子程序单元的说明部分。

(3) 接口界面体内可以并列包含若干个函数或子例行子程序接口界面说明。

(4) 出现在接口界面体中的语句只能是有关函数子程序或子例行子程序的接口说明

语句(即 function 语句、subroutine 语句、函数名与虚参类型声明语句、end function 语句和 end subroutine 语句),不允许有任何可执行语句。

（5）接口界面体内的函数名,子例行程序名,虚参个数、类型、位置必须与被调用的函数名、子例行程序名,虚参个数、类型、位置完全一样(虚参名称可以不同)。

（6）接口界面体中不允许出现 entry、data、format 语句和语句函数。

【例 11-3】 以函数子程序的形式编程实现两个一维整型数组的加法。

分析：数组加法的结果依然是一个数组,采用子例行子程序很容易实现,但采用函数子程序时就相对比较麻烦。函数子程序的返回值是函数名,通常只返回一个值,现在函数子程序需要返回一个数组,所以必须使用接口界面块功能。另外在本程序的编写中使用了动态数组的功能和实参关键字改变位置调用。

```fortran
!外部函数子程序实现两个一维数组求和
function shuzu_add(a,b,n)
integer n,a(n),b(n),shuzu_add(n)              !声明函数名是一维数组
integer i
do i=1,n,1
shuzu_add(i)=a(i)+b(i)
enddo
return
end
!主程序
program exam11_3
interface                                     !定义接口界面块
  function shuzu_add(a1,b1,n1)                 !函数接口界面
  integer n1,a1(n1),b1(n1)                     !虚参类型说明
  integer shuzu_add(n1)                        !声明返回值是一维数组
  end function
end interface
integer ,allocatable::a(:),b(:)               !动态数组
integer n
print * ,'指定一维数组的元素个数'
read* ,n
allocate(a(n),b(n))                           !给数组 a,b 开辟存储空间
print * ,'输入 a 数组的数组元素'
read(* ,* )(a(i),i=1,n)
print * ,'输入 b 数组的数组元素'
read(* ,* )(b(i),i=1,n)
write(* ,* )shuzu_add(a1=b,n1=n,b1=a)          !改变实参位置
end
```

程序运行结果如图 11.5 所示。

图 11.5　例 11-3 运行结果

11.4　超　　载

面向对象的一个重要特性就是超载(overload)。所谓超载,从功能上看,就是使对象的功能超越原有的限制;从表现形式上看,就是在程序代码中可以同时拥有多个名称相同,但是参数类型、数目不同的子程序和运算符,这些同名子程序和运算符允许其具有若干不同的超出了传统功能的功能。

11.4.1　函数和子例行程序的超载

函数和子例行程序是具有特定功能的一段程序代码集合。一般来说,无论是内部函数还是用户编写的子程序,其参数的数据类型或子程序的功能总存在一些限制,如内部函数 sqrt(x)、log(x)只能对实型数据进行操作。下面通过定义模块 pfg 中的接口界面块 sqrt 来突破内部标准函数 sqrt(x)参数的实型限制,使其能够对整型数据也能计算平方根。

【例 11-4】　创建内部函数 sqrt(x)的超载,使其能够对整型数据计算平方根。

分析:这是一个同名函数的超载。整型数据类型只要转换为实型数据类型就可以使用内部函数 sqrt(x),因此在子程序中使用内部函数 real(x),将整型 x 转换为实型。

模块单元程序编写如下:

```
module pfg                          !定义模块 pfg
implicit none
interface sqrt                      !虚拟函数 sqrt
  module procedure sqrt_int         !定义等待选择的函数 sqrt_int
end interface
contains
function sqrt_int(x)                !定义函数子程序 sqrt_int
  implicit none
  integer,intent(in)::x            !定义 x 是只读属性参数,参数只能从外向内传递
  real sqrt_int                     !函数返回值是实型
  sqrt_int=sqrt(real(x))            !使用原内部函数
```

```
end function
end module
```

主程序1：

```
program exam11_4
use pfg                    !调用模块 pfg
print * ,sqrt(4.0),sqrt(4)
end
```

图 11.6　例 11-4 运行结果

程序运行结果如图 11.6 所示。

读者可上机执行上面的程序代码,再将主程序修改为下面的主程序2,看看结果有何不同。

主程序2：

```
program exam11_4_2
print * ,sqrt(4.0),sqrt(4)
end
```

主程序2在编译时就遇到如下的错误提示：

```
The data types of the argument(s) are invalid.   [SQRT]
```

子程序超载的一般格式为：

```
module   模块名
   ⋮
  interface   子程序超载名
  module   procedure   等待子程序名 1
module   procedure   等待子程序名 2
⋮
module   procedure   等待子程序名 n
end interface
contains
  function 或 subroutine   等待子程序名 1(虚参列表)
  说明语句
       执行语句
  end function 或 subroutine
  function 等待函数名 2(虚参列表)
   ⋮
  function 或 subroutine   等待子程序名 n(虚参列表)
  说明语句
       执行语句
  end function 或 subroutine
  end module
```

说明：

（1）只有位于模块内的接口界面块才能创建超载。

（2）超载一般分同名函数的超载、同名子例行程序的超载和操作符超载。

（3）在主调单元调用包含超载定义的模块，可实现对函数或子例行程序超载的使用。

（4）等待子程序中的变量一般要声明为只读属性的变量，其形式为：类型说明关键字，intent(in)∷变量名列表。

（5）必须在接口块中声明每个等待子程序，格式为：module procedure 等待子程序名。

上面是一个同名函数的超载例题，下面给出一个同名子例行程序的超载实例。

程序中通常会遇到多种类型的数据，FORTRAN 语言中内部数据类型的输入输出都比较简单，而数组数据的输入输出就相对烦琐一些，在实际工作中，数组数据往往通过数据文件读入，或读出到某个数据文件。下面提供一个将一维数组或二维数组输出到某个指定文件的子例行程序的超载。

【例 11-5】 使用同一个子例行程序名将一维整型、实型、二维整型、实型数组输出到指定文件。

分析：本程序中需要四个等待子例行程序分别把一维整型、实型、二维整型、实型数组输出到调用者指定的数据文件。每个子程序的编写都十分简单，将它们按超载定义形式写到模块 arr_put 中，以子程序名 print_arr_file 进行调用。

模块程序单元编写如下：

```
module arr_put                        !模块 arr_put
implicit none
interface print_arr_file              !虚拟子程序名称
module procedure print_1              !等待子程序 print_1
module procedure print_2              !等待子程序 print_2
module procedure print_3              !等待子程序 print_3
module procedure print_4              !等待子程序 print_4
end interface
contains
!输出长度为 m 的一维整型数组到数据文件 str1 中
subroutine print_1(a,m,str1)
integer i                             !定义局部变量 i
integer, intent(in)::m,a(m)           !只读属性参数
character(*), intent(in)::str1        !动态定义字符型变量 str1 的长度
open(8,file=str1)                     !打开路径为 str1 的数据文件
write(8,"(<m>i6)") (a(i),i=1,m)       ! 向文件写数据
close(8)                              !关闭打开的文件 8
end subroutine
!输出长度为 m 的一维实型数组到数据文件 str1 中
subroutine print_2(a,m,str1)
integer i
integer,intent(in)::m
```

```
real, intent(in)::a(m)
character(*), intent(in)::str1
open(9,file=str1)
write(9,"(<m>f10.3)") (a(i),i=1,m)
close(9)
end subroutine
!输出长度为 m×n 的二维整型数组到数据文件 str1 中
subroutine print_3(a,m,n,str1)
integer i,j
integer, intent(in)::m,n,a(m,n)
character(*), intent(in)::str1
open(10,file=str1)
write(10,"(<n>i6)") ((a(i,j),j=1,n),i=1,m)
close(10)
end subroutine
!输出长度为 m×n 的二维实型数组到数据文件 str1 中
subroutine print_4(a,m,n,str1)
integer i,j
integer,intent(in)::m,n
real, intent(in)::a(m,n)
character(*), intent(in)::str1
open(11,file=str1)
write(11,"(<n>f10.3)") ((a(i,j),j=1,n),i=1,m)
close(11)
end subroutine
end
```

现在编写一个简单的主程序调用模块,验证 print_arr_file 子程序的超载功能。
主程序编写如下:

```
program exam11_5
use arr_put
integer::a(5)=(/1,2,3,4,5/),b(2,3)=(/1,4,2,5,3,6/)
real::c(3)=(/2.5,13.2,3.14/)
real::d(2,3)=(/1.0,4.0,2.0,5.0,3.0,6.0/)
call print_arr_file(a,5,'e:\shuju1.dat')
call print_arr_file(b,2,3,'e:\shuju2.dat')
call print_arr_file(c,3,'e:\shuju3.dat')
call print_arr_file(d,2,3,'e:\shuju4.dat')
end
```

执行程序后在 E 驱动器根目录建立四个数据文件 shuju1. dat、shuju2. dat、shuju3. dat 和 shuju4. dat。打开数据文件如图 11.7~图 11.10 所示。

图 11.7 数据文件 shuju1.dat 窗口

图 11.8 数据文件 shuju2.dat 窗口

图 11.9 数据文件 shuju3.dat 窗口

图 11.10 数据文件 shuju4.dat 窗口

11.4.2 赋值号超载

赋值号"="一般只允许赋值号两边类型相同或相容才能进行赋值操作,例如,整型数据可以赋值给整型变量、逻辑型变量和实型变量,而不能赋值给字符串变量,更不能赋值给数组、结构体变量。当然也不能把不存在的数据类型赋值给某个变量,例如 Fortran 95不存在分数,就不能把分数赋值给实型变量。超载功能的引入,可以赋予赋值号新的意义。

赋值号超载的一般格式与子程序超载的格式几乎完全相同,只是将模块中接口界面块改为:

```
interface assignment(=)
module procedure   等待子程序名 1
  ⋮
end interface
```

需要注意的是,在超载赋值号时,等待子程序的参数必须有两个,子程序的功能是将其中的一个参数赋值给另一个,因而,待赋值的参数必须指定为 in 只读属性,而被赋值参数必须指定为 out 属性(由模块内向外传递)。

【例 11-6】 超载赋值号"=",允许将分数赋值给实型变量或整型变量。

分析:本程序通过建立包含两个整型成员(分子和分母)的结构体类型来创建分数数据类型,然后将分子与分母的商赋值给实型变量或整型变量。

模块程序编写如下:

```
module fenshulei                         !在该模块中定义分数类
type fenshu
   integer fenzi
   integer fenmu
end type
```

```
end module

module fenshufuzhi                    !在该模块中实现赋值号超载
use fenshulei                         !调用 fenshulei 模块
interface assignment(=)
module procedure fs_to_r              !声明等待子程序 fs_to_r
module procedure fs_to_i              !声明等待子程序 fs_to_i
end interface
contains
subroutine fs_to_r(r,a)               !实现将分数赋值给实型变量的子程序
real,intent(out)::r
type(fenshu),intent(in)::a
r=real(a.fenzi)/real(a.fenmu)         !将分子分母转换为实型后相除
end subroutine

subroutine fs_to_i(i,a)               !实现将分数赋值给整型变量的子程序
integer,intent(out)::i
type(fenshu),intent(in)::a
i=a.fenzi/a.fenmu
end subroutine
end
```

为了查看结果,主程序编写如下:

```
program exam11_6
!use fenshulei
use fenshufuzhi
integer k
real r
k=fenshu(4,2)
r=fenshu(1,3)
print * ,k,r
end
```

程序运行结果如图 11.11 所示。

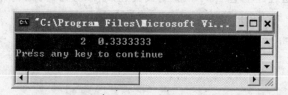

图 11.11　例 11-6 运行结果

11.4.3 操作符超载

操作符能够操作的操作数同样存在着许多限制,如算数运算符的操作数只能是数值型数据,不能是字符串和派生类数据。操作符超载就是突破原操作符不能对某数据类型进行操作的限制或创建新运算符。操作符超载的一般格式与子程序超载的格式很雷同,只是在模块内使用如下形式:

```
interface operator(运算符名)
module procedure 等待子程序名 1
   ⋮
end interface
```

【例 11-7】 两个字符串通过"+"运算连接成一个字符串。

模块程序编写如下:

```
module add_chao                   !定义模块 add_chao
interface operator(+)             !操作符形式的超载,操作符为+
  module procedure add_c          !超载的功能由等待子程序 add_c 完成
end interface
contains
function add_c(str1,str2)result(str3)
!声明函数子程序 add_c,由于返回值是字符串,必须使用 result 语句,且指定返回值的长度
integer,parameter::nmax=20
character(nmax) str3
character(*),intent(in)::str1,str2
str3=str1//str2                   !实际上,超载运算符"+"就是别名使用字符串连接符
end function
end
```

编写简单的主程序调用模块,观察是否实现对运算符"+"的超载。

```
program exam11_7
use add_chao
character   str1*10,str2*8,str3*36
str1='i am a'
str2='student'
str3=str1+str2
print*,str3
end
```

程序运行结果如图 11.12 所示。

图 11.12 例 11-7 运行结果

11.5 模块的应用举例

模块的引入丰富了 FORTRAN 程序设计语言的功能,为用户提供了更好的程序设计方法,提高了编写程序的效率。

【例 11-8】 利用模块和超载实现分数的加(＋)、减(－)、乘(＊)和除(/),以及关系运算如大于(＞)、小于(＜)、等于(＝＝)、不等于(/＝)、大于等于(＞＝)和小于等于(＜＝)。

分析:FORTRAN 语言不存在分数这样的数据类型,需要建立用来描述分数的派生类型。在 11.4.2 节中已经在模块 fenshulei 中建立了描述分数的类 fenshu,在模块 fenshufuzhi 中建立了分数对实数和整数变量的赋值超载,这里直接可以继承使用。假定这项工作由三个人完成,项目主管制定各模块的名称和公有子程序的名称,并分配任务。项目主管提供派生类 fenshu,并编写分数运算中涉及的计算两个整数的最大公约数、分数化简,主程序的编写;成员 a 完成分数的＋、－、＊ 和/运算,这些功能放在模块 a 中,成员 b 完成分数的关系运算,将这些功能放在模块 b 中。现在三个人可同时开展编程工作。

项目主管编写程序如下:

```
module zhuguan
use fenshulei                              !调用模块 fenshulei
public gongyueshu,huajian,put              !声明是公有子程序
contains
    function  gongyueshu(i,j)              !辗转相除法求两个正整数之间的最大公约数
    integer,intent(in)::i,j
    integer big,temp,gongyueshu
    big=max(i,j)
    gongyueshu=min(i,j)
    do while(gongyueshu>1)
      temp=mod(big,gongyueshu)
    if(temp==0)exit
    big=gongyueshu
    gongyueshu=temp
    enddo
  end function                             !该函数子程序在循环结构中编写过,只需稍加改造

  function huajian(a)                      !该程序实现对分数的化简
    type(fenshu),intent(in)::a             !a 是由外部传递的参数
integer b
    type(fenshu)::temp,huajian             !声明返回值类型是 fenshu 类型
!计算分子和分母绝对值的最大公约数
    b=gongyueshu(abs(a.fenzi),abs(a.fenmu))
    temp.fenzi=a.fenzi/b                   !注意,函数名不能使用成员,因此使用中间变量 temp
```

```
      temp.fenmu=a.fenmu/b
      huajian=temp
    end function
    subroutine put(a)                          !实现分数数据的输出
    type(fenshu),intent(in)::a
    if(a.fenmu/=1)then
      write(*,"(2x,'(',i3,'/',i3,')')")a.fenzi,a.fenmu
      else
      write(*,"(2x,i3)") a.fenzi
      endif
    end subroutine
end module
```

成员 a 完成的模块程序单元如下：

```
module chengyuan_a                    !实现分数算数运算的模块
use fenshulei
use zhuguan
public operator(+),operator(-),operator(*),operator(/)
interface operator(+)                 !加法运算符超载,具体由 add_fenshu 实现
   module procedure add_fenshu
end interface
interface operator(-)                 !减法运算符超载,具体由 minus_fenshu 实现
   module procedure minus_fenshu
end interface
interface operator(*)                 !乘法运算符超载,具体由 times_fenshu 实现
   module procedure times_fenshu
end interface
interface operator(/)                 !除法运算符超载,具体由 div_fenshu 实现
   module procedure div_fenshu
end interface
contains
function add_fenshu(a,b)
type(fenshu),intent(in)::a,b
type(fenshu) add_fenshu,temp
temp.fenzi=a.fenzi*b.fenmu+a.fenmu*b.fenzi
temp.fenmu=a.fenmu*b.fenmu
add_fenshu=huajian(temp)
end function

function minus_fenshu(a,b)
type(fenshu),intent(in)::a,b
type(fenshu) minus_fenshu,temp
temp.fenzi=a.fenzi*b.fenmu-a.fenmu*b.fenzi
temp.fenmu=a.fenmu*b.fenmu
```

```
minus_fenshu=huajian(temp)
end function

function times_fenshu(a,b)
type(fenshu),intent(in)::a,b
type(fenshu) times_fenshu,temp
temp.fenzi=a.fenzi * b.fenzi
temp.fenmu=a.fenmu * b.fenmu
times_fenshu=huajian(temp)
end function

function div_fenshu(a,b)
type(fenshu),intent(in)::a,b
type(fenshu) div_fenshu,temp
temp.fenzi=a.fenzi * b.fenmu
temp.fenmu=a.fenmu * b.fenzi
div_fenshu=huajian(temp)
end function
end module
```

成员 b 编写的有关分数关系运算的模块程序单元如下：

```
module chengyuan_b          !实现分数关系运算的模块
use zhuguan                 !调用 zhuguan 模块
use chengyuan_a             !调用 chengyuan_a 模块，使用其中的算术运算符超载
use fenshufuzhi             !调用 fenshufuzhi 模块，使用其中的赋值号超载
public operator(>), operator(>=),operator(<)
public operator(<=),operator(==),operator(/=)

interface operator(>)
module procedure big_than
end interface
interface operator(>=)
module procedure big_equal
end interface

interface operator(<)
module procedure small_than
end interface

interface operator(<=)
module procedure small_equal
end interface
```

```
interface operator(==)
module procedure equal
end interface

interface operator(/=)
module procedure not_equal
end interface

contains
function big_than(a,b)
type(fenshu),intent(in)::a,b
type(fenshu) temp
real r
logical big_than
temp=a-b
r=temp
if(r>0)then
  big_than=.true.
  else
  big_than=.false.
endif
end function

function big_equal(a,b)
type(fenshu),intent(in)::a,b
type(fenshu) temp
real r
logical big_equal
temp=a-b
r=temp
if(r<0)then
  big_equal=.false.
  else
  big_equal=.true.
endif
end function

function small_equal(a,b)
type(fenshu),intent(in)::a,b
type(fenshu) temp
real r
logical small_equal
temp=a-b
```

```
  r=temp
  if(r>0)then
    small_equal=.false.
    else
    small_equal=.true.
  endif
  end function

  function small_than(a,b)
  type(fenshu),intent(in)::a,b
  type(fenshu) temp
  real r
  logical small_than
  temp=a-b
  r=temp
  if(r<0)then
  small_than=.true.
    else
    small_than=.false.
  endif
  end function

  function equal(a,b)
  type(fenshu),intent(in)::a,b
  type(fenshu) temp
  real r
  logical equal
  temp=a-b
  r=temp
  if(r==0)then
  equal=.true.
  else
    equal=.false.
  endif
  end function
  function not_equal(a,b)
  type(fenshu),intent(in)::a,b
  type(fenshu) temp
  real r
  logical not_equal
  temp=a-b
  r=temp
  if(r/=0)then
```

```
not_equal=.true.
   else
not_equal=.false.
endif
end function
end module
```

项目主管编写的验证主程序单元如下：

```
program exam11_8
   use zhuguan
   use chengyuan_a
   use chengyuan_b
   type(fenshu) a,b,c
   real f
   a=fenshu(1.0,3.0)
   b=fenshu(2.0,3.0)
   call put(a)
   call put(b)
   c=a+b
   call put(c)
   c=a-b
   call put(c)
   c=a*b
   call put(c)
   c=a/b
   call put(c)
   print *,a>b,a>=b,a<b,a<=b,a==b,a/=b
   end
```

以上三个人的工作可以并行开展，在程序编译调试时，创建一个工程项目并将原有模块和新建模块添加到工程中，按先后顺序分别编译。若有问题，修改调整，直到每个模块单元都编译通过，然后连接形成可执行文件，运行后观察结果是否正确。

程序运行结果如图 11.13 所示。

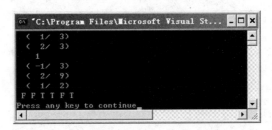

图 11.13　例 11-8 运行结果

习 题 11

1. 面向对象程序设计方法有哪些重要概念？尝试举一个生活中的实际例子说明数据封装的概念和重要性。

2. FORTRAN 语言为何要引入模块的功能？使用模块有什么优点？

3. 在模块中可定义哪些对象？

4. 在模块中为何要指定对象的公有、私有属性？默认情况下，模块中对象具有何种属性？

5. 如何调用模块？如何别名使用模块中的对象？

6. 使用模块定义重力加速度 g，编写程序计算投掷物的投掷距离。

7. 为什么要引入接口界面块功能？它与 external 语句功能有何异同？

8. 在什么情况下必须使用接口界面块？

9. 接口界面块中声明的子程序参数与实际的子程序参数有何异同点？

10. 在 FORTRAN 语言中，通过什么功能实现超载？超载的本质是什么？

11. 实现超载时，声明形式参数类型要使用 intent(in) 和 intent(out) 属性，这两个属性有何作用？

12. 使用函数子程序超载功能，实现函数 area。如果用一个实数调用 area，则参数看作是圆的半径，计算圆的面积并返回。如果用两个实数调用 area，则参数看作是圆的内径和外径，计算圆环面的面积并返回。尝试编写主程序和模块单元程序。

13. 统计某钟点工总的工作时间，以小时和分钟计时。编写程序实现加法运算符超载，使其能够计算时间的加法。如 1 小时 20 分加 2 小时 45 分的结果是 4 小时 5 分钟。

教学目标：
- 掌握求解一元方程的方法。
- 掌握求解数值积分的方法。
- 掌握常用线性代数数值方法。

数值计算是 FORTRAN 语言最主要的应用，通过应用前面学习的知识来进行一些常用算法的程序设计。本章介绍一些最基本的数值方法问题。通过它们可以学习程序设计的方法与技巧，并在此基础上举一反三。

12.1　求解一元方程

求解一元方程，就是计算函数 $f(x)=0$ 的解，也就是计算函数 $f(x)$ 的曲线和 x 轴的交点。

12.1.1　二分法

二分法（Bisection）求解一元方程的解是最简单的方法，如图 12.1 所示。基本思路为：

（1）先任取两个值 x_1 和 x_2，使得 $f(x_1) * f(x_2)<0$，也就是 $f(x_1)$ 和 $f(x_2)$ 必须异号。这样才能够保证在 $[x_1,x_2]$ 区间有解，即存在一个 x 使得 $f(x)=0$，如图 12.1 所示。

（2）令 $x=(x_1+x_2)/2$，如果 $f(x)=0$，就找到了这个解，计算完成。由于 $f(x)$ 是一个实型数据，所以在判断 $f(x)$ 是否等于 0 时，是通过判断 $|f(x)|$ 是否小于一个很小的数 ε，如果是就认为 $f(x)$ 为 0。

（3）若 $f(x)$ 不为 0，判断如果 $f(x_1)$ 和 $f(x)$ 异号，则说明解在 $[x_1, x]$ 区间，就以 x_1、x 为新的取值来重复步骤(2)，这时用 x 作为新的 x_2，舍掉原 $[x, x_2]$ 区间；如果 $f(x_2)$ 和

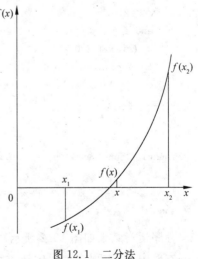

图 12.1　二分法

$f(x)$异号,则以 x、x_2 为新的取值来重复步骤(2),这时用 x 作为新的 x_1,舍掉原$[x_1,x]$区间。这样做实际上是将求解的范围减少了一半,然后用同样的办法再进一步缩小范围,直到 $|f(x)|<\varepsilon$ 为止。

【例 12-1】 用二分法求 $f(x)=x^3-2x^2+7x+4=0$ 的解。

程序编写如下:

```fortran
program exam12_1
real x1,x2,x
real bisect, func                    !对要调用的函数子程序作说明
do
    print * , '输入 x1,x2 的值:'
    read * , x1,x2
    if(func(x1) * func(x2)<0.0) exit
    print * , '不正确的输入!'
enddo
x=bisect(x1,x2)
print 10, 'x=',x
10 format(a,f15.7)
end


real function bisect(x1,x2)
real x1,x2,x,f1,f2,fx
x= (x1+x2)/2.0
fx=func(x)
do while(abs(fx)>1e-6)
    f1=func(x1)
    if(f1 * fx<0) then
        x2=x
    else
        x1=x
    endif
    x= (x1+x2)/2.0
    fx=func(x)
enddo
bisect=x
end


function func(x)
real x
func=x * * 3-2 * x * * 2+7 * x+4
end
```

程序运行结果如图 12.2 所示。

本例中,在主程序单元中通过循环要求输入两个取值 x_1 和 x_2,直到满足条件 func

图 12.2　例 12-1 运行结果

$(x_1) * \text{func}(x_2) < 0$ 为止。$\text{func}(x_1) * \text{func}(x_2) < 0$ 说明 $\text{func}(x_1)$ 和 $\text{func}(x_2)$ 异号,保证在 $[x_1, x_2]$ 区间有解。在得到满足条件的两个取值 x_1、x_2 后,调用二分法求解函数 bisect 求得根值后输出。

二分法求解函数中,用 f_1、f_x 分别表示对应 x_1、x 的函数值,如果 $f_1 * f_x < 0$,说明 $\text{func}(x_1)$ 和 $\text{func}(x)$ 异号,解在 $[x_1, x]$ 区间,舍去 $[x, x_2]$ 区间,以 x_1、x 为新的取值,所以 $x \Rightarrow x_2$;否则以 x、x_2 为新的取值,$x \Rightarrow x_1$。然后求出新的 x 和 $\text{fun}(x)$。重复这一过程直到 $|\text{fun}(x)| < 10^{-6}$ 为止。

12.1.2　弦截法

弦截法(Secant)的基本思路和"二分法"相似,只是二分法每次取区间的中点,然后从中舍去一半区间,而弦截法是利用线段来逼进求得的解。弦截法取 $f(x_1)$ 与 $f(x_2)$ 连线与 x 轴的交点,从 $[x_1, x]$ 和 $[x, x_2]$ 区间中舍去一个,取舍的方法与二分法相同,如图 12.3 所示。过程如下:

(1) 先任取两个值 x_1 和 x_2,使得 $f(x_1) * f(x_2) < 0$。

(2) 做一条通过 $(x_1, f(x_1))$ 和 $(x_2, f(x_2))$ 两点的直线,这条直线与 x 轴的交点为 x。可用以下公式求出 x:

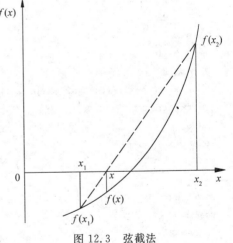

图 12.3　弦截法

$$x = x_2 - \frac{x_2 - x_1}{f(x_2) - f(x_1)} \cdot f(x_2)$$

代入函数求得 $f(x)$,判断 $|f(x)| < \varepsilon$ 是否成立,如果是就找到了解,计算完成。

(3) 否则,判断如果 $f(x_1)$ 和 $f(x)$ 异号,则说明解在 $[x_1, x]$ 区间,就以 x_1、x 为新的取值来重复步骤(2);如果 $f(x_2)$ 和 $f(x)$ 异号,则以 x、x_2 为新的取值来重复步骤(2),然后用同样的办法再进一步缩小范围,直到 $|f(x)| < \varepsilon$ 为止。

【例 12-2】　用弦截法求 $f(x) = x^3 - 2x^2 + 7x + 4 = 0$ 的解。

程序编写如下:

```
program exam12_2
real x1,x2,x
```

```
real secant,func                        !对要调用的函数子程序作说明
do        .                             !输入取值 x1 和 x2,直到 f(x1)和 f(x2)异号为止
    print * , '输入 x1,x2 的值：'
    read * , x1,x2
    if(func(x1) * func(x2)<0) exit
    print * , '不正确的取值！'
enddo
x= secant(x1,x2)                        !调用弦截法求解的函数
print 10, 'x=',x                        !输出计算结果
10 format(a,f15.7)
end


real function secant(x1,x2)             !弦截法求解函数
implicit none
real x1,x2,x,f1,f2,fx
real func
x=x2- (x2-x1)/(func(x2)-func(x1)) * func(x2)
fx= func(x)
do while(abs(fx)>1e-6)
    f1= func(x1)
    if(f1 * fx<0) then
        x2=x
    else
        x1=x
    endif
    x=x2- (x2-x1)/(func(x2)-func(x1)) * func(x2)
    fx= func(x)
enddo
secant=x
end


real function func(x)                   !需要求解的函数
real x
func=x**3- 2 * x**2+7 * x+ 4
end
```

程序运行结果如图 12.4 所示。

图 12.4　例 12-2 运行结果

12.1.3 迭代法

迭代法求解一元方程的根,基本思路为:

(1) 将 $f(x)$ 转换成求 x 的等式,即 $x = g(x)$ 的形式。

(2) 现任取一个初值 x_0,代入 $g(x)$ 得到 x_1,x_1 是第一个近似值。

(3) 在将 x_1 代入 $g(x)$ 得到 x_2。依此类推,一次次将求得的新值当作下一次的初值代入 $g(x)$,即

$$x_0 \to g(x_0) \to x_1 \to g(x_1) \to x_2 \to g(x_2) \to x_3 \to g(x_3) \to x_4 \to g(x_4) \to x_5 \cdots$$

直到前后两次求出的 x 的值很接近,即 $|x_{n+1} - x_n| < \varepsilon$,这时 x_{n+1} 就是所求得的解。

【例 12-3】 用迭代法求 $f(x) = x^3 - 2x^2 + 7x + 4 = 0$ 的解。

分析:先找出 $x = g(x)$ 的表达式,可令 $x = (-x^3 + 2x^2 - 4)/7$。

通过迭代法还要考虑一个问题:有可能经过多次迭代后不收敛。为防止无休止地迭代下去,设定一个最高的循环次数,如果达到这一次数仍不满足 $|x_{n+1} - x_n| < \varepsilon$,不再进行下去,打印出"经过×次迭代后仍未收敛"。是否收敛与迭代公式和初值有关。

程序编写如下:

```fortran
program exam12_3
real x
integer m
print * , '输入 x0 和最高循环次数的值:'
read * , x,m
call iteration(x,m)                      !调用迭代法求解的函数
end
subroutine iteration(x,m)                !迭代法求解函数
implicit none
real x,x1
real func                                !对要调用的函数子程序作说明
integer i,m
i=1
x1=func(x)
do while(abs(x-x1)>1e-6.and.i<=m)
print 10, i,x1
x=x1
i=i+1
x1=func(x)
enddo
if(i<=m) then
print 20, 'x=',x1                        !输出计算结果
else
    print 30, '经过',m,'次迭代后仍未收敛'
endif
```

```
10 format('i=',i4,6x,'x=',f15.7)
20 format(a,f15.7)
30 format(a,i4,a)
end

real function func(x)                    !需要求解的函数
real x
func= (-x**3+2*x**2-4)/7
end
```

程序运行结果如图 12.5 所示。

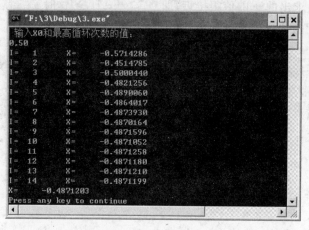

图 12.5　例 12-3 运行结果

在程序中 x 代表初值 x_0，用 x_1 表示每次迭代后的 x 值。在输出时提示信息依然为 x。

12.1.4　牛顿迭代法

用牛顿迭代法求解一元方程的根,基本思路为:

(1) 先任取一个值 x_1。

(2) 做通过点 $(x_1,f(x_1))$ 作切线,即以 $f'(x_1)$ 为斜率作直线,这条直线与 x 轴的交点为 x_2,如图 12.6 所示。可用以下公式求出 x_2。

由于 $f'(x_1) = \dfrac{f(x_1)}{x_1 - x_2}$

$$x_2 = x_1 - \frac{f(x_1)}{f'(x_1)}$$

判断 $|f(x_2)| < \varepsilon$ 是否成立,如果是就找到了解,计算完成。

(3) 否则,重复步骤(2),以 $f'(x_1)$ 为斜率过点

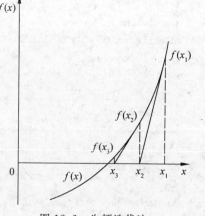

图 12.6　牛顿迭代法

$(x_2,f(x_2))$作切线,求出与 x 轴的交点 x_3,……,直到$|f(x_n)|<\varepsilon$,认为 x_n 就是所求得的解。

【例 12-4】 用牛顿迭代法求 $f(x)=x^3-2x^2+7x+4=0$ 的解。

求方程在 $x=0$ 附近的一个根。

求解 $f'(x)=3x^2-4x+7$。

程序编写如下:

```
program exam12_4
real x
integer m
print * , '输入初值'
read * , x
call newton(x)                          !调用牛顿迭代法求解的函数
end


subroutine newton(x)                    !牛顿迭代法求解函数
  implicit none
  real x,x1
  real func,dfunc                       !对要调用的函数子程序作说明
  integer i,m
  i=1
x1=x- func(x)/dfunc(x)
do while(abs(x- x1)>1e- 6)
  print 10, i,x1
  x=x1
  i=i+1
x1=x- func(x)/dfunc(x)
enddo
print 20, 'x=',x1                       !输出计算结果
10 format('i= ',i4,6x,'x= ',f15.7)
20 format(a,f15.7)
end


real function func(x)                   !迭代函数
  real x
  func=x**3- 2 * x**2+7 * x+4
end


real function dfunc(x)
  real x
  dfunc=3 * x**2- 4 * x+7
end
```

程序运行结果如图 12.7 所示。

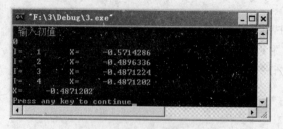

图 12.7　例 12-4 运行结果

以上介绍了几种不同的求解一元方程的解的方法。这些方法都是用近似法求解,得到的解只是数值解。现实中能用解析法求得准确解值的方程只占少部分。而用计算机可以求解任何有实根的一元方程,所用的基本方法就是迭代,经过多次迭代,让近似解逐渐趋近真实解。迭代用循环来实现,正是利用了计算机运算速度快的特点。

除了以上几种方法以外,还有其他求解近似解的方法,有兴趣的读者可以参阅相关书籍。这里介绍的这些方法的基本思想,可以在此基础上进行改进或增加一些功能。另外不同书籍中介绍的具体程序可能会有一些差别,读者可根据需要来编写自己的程序。

12.2　数　值　积　分

求一个函数 $f(x)$ 在 $[a,b]$ 上的定积分 $\int_a^b f(x)\mathrm{d}x$,其几何意义是求 $f(x)$ 曲线和直线 $x=a,y=0,x=b$ 所围成的曲边梯形的面积。为了近似求出这一面积,可将 $[a,b]$ 区间分成若干个小区间,每个区间的宽度为 $(b-a)/n,n$ 为区间个数。近似求出每个小的曲边梯形面积,然后将 n 个小面积加起来,就近似得到总的面积,即定积分的近似值,当 n 越大,即区间分得越小,近似程度越高。

近似求小曲边梯形的面积的方法是用各种已知面积的小图形来代替小曲边梯形,用已知面积的总和来逼近答案。常用的方法有三种:

(1) 用小矩形代替小曲边梯形。

(2) 用小梯形代替小曲边梯形。

(3) 在小区间范围内,用一条抛物线代替区间内的 $f(x)$,然后求由这一抛物线所构成的小曲边梯形的面积。

12.2.1　矩形法

用小矩形面积代替小曲边梯形,矩形面积的求解公式为底×高。将 $[a,b]$ 区间分为

n 个区间,令 $h=(b-a)/n$,如图 12.8 所示。

第 1 个小矩形面积:底=h,高=$f(a)$,也可用 $f(a+h)$ 为高,$S_1=h \cdot f(a)$。

第 i 个小矩形面积:底=h,高=$f(a+(i-1) \cdot h)$,也可用 $f(a+i \cdot h)$ 为高。

$$S_i = h \cdot f(a+(i-1) \cdot h)$$

【例 12-5】 用矩形法求 $\int_0^1 (1+e^x)dx$。

程序编写如下:

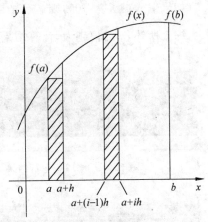

图 12.8 矩形法

```
program exam12_5
real a,b,s
integer n
real yrectangle
print * ,'输入 a,b 和 n 的值'
read* ,a,b,n
s= rectangle(a,b,n)
print 10, a,b,n
print 20, s
10 format('a= ',f5.2,3x,'b= ',f5.2,3x,'n= ',i4)
20 format('s= ',f15.8)
end


real function rectangle(a,b,n)
implicit none
real x,a,b,h,s
integer i,n
real func
x=a
h= (b-a)/n
s=0
do i=1,n
    s= s+ func(x) * h
    x= x+h
end do
rectangle= s
end


real function func(x)
real x
func= 1+ exp(x)
end
```

!对要调用的函数子程序作说明

!调用矩形法求解的函数

!输出计算结果

!矩形法求解函数

!积分函数

程序运行结果如图 12.9 所示。

如果输入的 n 为 100，则运行结果如图 12.10 所示。

综上所述，n 的值越大，计算结果与 $\int_0^1 (1+e^x)dx$ 的准确值越接近。

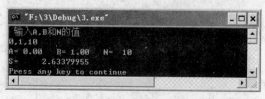

图 12.9　例 12-5 运行结果

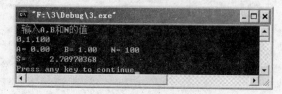

图 12.10　例 12-5 运行结果

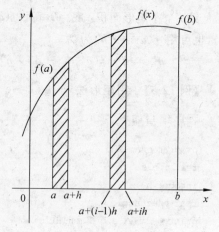

图 12.11　梯形法

12.2.2　梯形法

方法基本同上，用小梯形面积代替小曲边梯形，如图 12.11 所示。

第 1 个小梯形的面积：$S_1 = \dfrac{f(a)+f(a+h)}{2} \cdot h$

第 i 个小梯形的面积：$S_1 = \dfrac{f(a+(i-1)\cdot h)+f(a+i\cdot h)}{2} \cdot h$

【例 12-6】 用梯形法求 $\int_0^1 (1+e^x)dx$。

程序编写如下：

```fortran
program exam12_6
real a,b,s
integer n
real trapezia                        !对要调用的函数子程序作说明
print * ,'输入 a,b 和 n 的值'
read * ,a,b,n
s=trapezia(a,b,n)                    !调用梯形法求解的函数
print 10, a,b,n
print 20, s                          !输出计算结果
10 format('a=',f5.2,3x,'b=',f5.2,3x,'n=',i4)
20 format('s=',f15.8)
end

real function trapezia(a,b,n)        !梯形法求解函数
```

```
implicit none
real x,a,b,h,s
integer i,n
real func
x=a
h=(b-a)/n
s=0
do i=1,n
    s=s+(func(x+(i-1)*h)+func(x+i*h))*h/2.0
end do
trapezia=s
end

real function func(x)                          !积分函数
real x
func=1+exp(x)
end
```

程序运行结果如图 12.12 所示。

以上程序是一次求出一个小梯形面积,然后累加。也可以先找出 n 个小梯形面积的代数和公式,然后再据此编程。

设 $f_0,f_1,f_2,\cdots,f_n$ 分别是 x 等于 $x_0,x_1,x_2,\cdots x_n$ 时函数 $f(x)$ 的值,如图 12.13 所示。

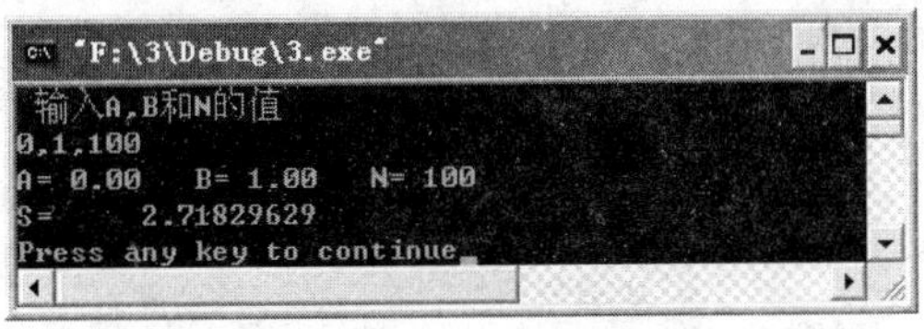

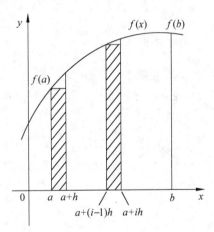

图 12.12 例 12-6 运行结果一

图 12.13 梯形法

$$\int_a^b f(x)\mathrm{d}x \approx \frac{h}{2}(f_0+f_1)+\frac{h}{2}(f_1+f_2)+\frac{h}{2}(f_2+f_3)+\cdots+\frac{h}{2}(f_{n-1}+f_n)$$

$$=\frac{h}{2}[f_0+2(f_1+f_2+\cdots f_{n-1})+f_n]$$

这里

$$f_0=f(a)=1+\mathrm{e}^a$$
$$f_1=f(a+h)=1+\mathrm{e}^{a+h}$$

$$f_2 = f(a+2h) = 1 + e^{a+2h}$$
$$\vdots$$
$$f_{n-1} = f(a+(n-1)\cdot h) = 1 + e^{a+(n-1)\cdot h}$$
$$f_n = f(a+n\cdot h) = f(b) = 1 + e^b$$

程序编写如下:

```fortran
implicit none
real a,b,s
integer n
real trapezia                                    !对要调用的函数子程序作说明
print * ,'输入 a,b 和 n 的值'
read* ,a,b,n
s=trapezia(a,b,n)                                !调用梯形法求解的函数
print 10, a,b,n
print 20, s                                      !输出计算结果
10 format('a= ',f5.2,3x,'b= ',f5.2,3x,'n= ',i4)
20 format('s= ',f15.8)
end


real function trapezia(a,b,n)                    !梯形法求解函数
implicit none
real x,a,b,h,s
integer i,n
real func
x=a
h=(b-a)/n
s=0
do i=1,n-1                                        !求出 2(f₁+f₂+f₃+…+fₙ₋₁)
    s=s+2* func(x+i* h)
end do
trapezia=(s+func(a)+func(b))* h/2.0
end


real function func(x)                            !积分函数
real x
func=1+ exp(x)
end
```

程序运行结果如图 12.14 所示。

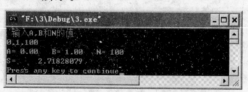

图 12.14 例 12-6 运行结果二

12.2.3　辛普生法

辛普生法(Simpson)基本思路为：在一小区间内用抛物线 $f_1(x)$ 代替原来的 $f(x)$，如图 12.15 所示。抛物线通过以下方法确定：取 a、b 的中点 c，c 的坐标为 $\left(\dfrac{a+b}{2},0\right)$，通过 c 点可求出 $f(c)$。通过 $(a,f(a))$、$(c,f(c))$、$(b,f(b))$ 三点可以作出唯一的一条抛物线 $f_1(x)$，由数学知识知：

$$f_1(x) = \frac{(x-c)(x-b)}{(a-b)(a-c)} \cdot f(a)$$
$$+ \frac{(x-a)(x-c)}{(b-a)(b-c)} \cdot f(b)$$
$$+ \frac{(x-a)(x-b)}{(c-a)(c-b)} \cdot f(c)$$

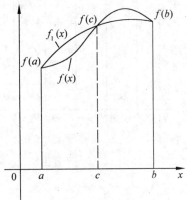

图 12.15　辛普生法一

并且可知，$f_1(a) = f(a)$，$f_1(b) = f(b)$，$f_1(c) = f(c)$。

$[a,b]$ 区间的定积分 $\displaystyle\int_a^b f(x)\mathrm{d}x$ 可用 $\displaystyle\int_a^b f_1(x)\mathrm{d}x$ 代替，根据抛物线定积分求值公式，有

$$\int_a^b f_1(x)\mathrm{d}x = \frac{h}{3}\left[f(a) + 4f(c) + f(b)\right]$$

其中，$h = \dfrac{b-a}{2}$。

如果将 $[a,b]$ 区间分成两个小区间 $[a,c]$ 和 $[c,b]$，每个小区间分别以一条抛物线代替原来的 $f(x)$，如图 12.16 所示。

总面积为两个小的曲边梯形 S_1 和 S_2 的面积之和。

$$S = \int_a^b f(x)\mathrm{d}x \approx S_1 + S_2$$
$$= \frac{h}{3}\{[f(a) + 4f(a+h) + f(a+2h)]$$
$$+ [f(a+2h) + 4(a+3h) + f(b)]\}$$
$$= \frac{h}{3}\{f(a) + f(b) + 4[f(a+h) + f(a+3h)]$$
$$+ 2f(a+2h)\}$$

式中，$h = \dfrac{c-a}{2} = \dfrac{b-c}{2} = \dfrac{b-a}{2\times 2}$。

从上式中可以看出以下规律：$f(a+ih)$ 当中，当 i 为奇数时，它前面的系数是 4；i 为偶数时，系数为 2。

为使求得的定积分更准确，可以再划分小区间，如果分成 4 个小区间，如图 12.17 所示。总面积为 4 个两个小的曲边梯形面积之和。即

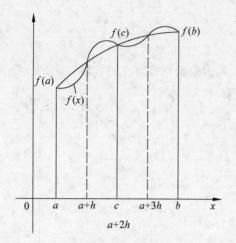

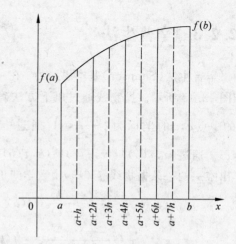

图 12.16　辛普生法二　　　　　　　　图 12.17　辛普生法三

$$S \approx S_1 + S_2 + S_3 + S_4$$

$$= \frac{h}{3}\{[f(a) + 4f(a+h) + f(a+2h)] + [f(a+2h)$$

$$+ 4f(a+3h) + f(a+4h)] + [f(a+4h) + 4f(a+5h) + f(a+6h)]$$

$$+ [f(a+6h) + 4f(a+7h) + f(b)]\}$$

$$= \frac{h}{3}\{f(a) + f(b) + 4[f(a+h) + f(a+3h) + f(a+5h) + f(a+7h)]$$

$$+ 2[f(a+2h) + f(a+4h) + f(a+6h)]\}$$

其中，$h = \dfrac{b-a}{2 \times 4}$。

如果划分成 n 个小区间，则有

$$S \approx \frac{h}{3}\{f(a) + f(b) + 4[f(a+h) + f(a+3h) + \cdots + f(a+(2n-1) \cdot h)]$$

$$+ 2[f(a+2h) + f(a+4h) + \cdots + f(a+(2n-2) \cdot h)]\}$$

也可以写为：

$$S \approx \frac{h}{3}\{f(a) - f(b) + 4[f(a+h) + f(a+3h) + \cdots + f(a+(2n-1) \cdot h)]$$

$$+ 2[f(a+2h) + f(a+4h) + \cdots + f(a+2n \cdot h)]\}$$

其中，$h = \dfrac{b-a}{2 \times n}$。

【例 12-7】 用辛普生法求 $\int_0^1 (1 + e^x) \mathrm{d}x$。

分析：程序中用 f2 表示要乘以 2 的那一个多项式，用 f4 表示要乘以 4 的多项式。
程序编写如下：

```
program exam12_7
```

```fortran
      real a,b,s
      integer n
      real sinpson                            !对要调用的函数子程序作说明
      print * ,'输入 a,b 和 n 的值'
      read * ,a,b,n
      s= sinpson(a,b,n)                       !调用梯形法求解的函数
      print 10, a,b,n
      print 20, s                             !输出计算结果
10    format('a=',f5.2,3x,'b=',f5.2,3x,'n=',i4)
20    format('s=',f15.8)
      end

      real function sinpson(a,b,n)            !辛普生法求解函数
      implicit none
      real a,b,h,f2,f4,x
      integer i,n
      real func
      h= (b- a)/(2.0 * n)
      x= a+ h
      f2= 0
      f4= func(x)
      do i= 1,n- 1
          x= x+ h
          f2= f2+ func(x)
          x= x+ h
          f4= f4+ func(x)
      end do
      sinpson= (func(a)+ func(b)+ 4.0 * f4+ 2.0 * f2) * h/3.0
      end

      real function func(x)                   !积分函数
      real x
      func= 1+ exp(x)
      end
```

程序运行结果如图 12.18 所示。

图 12.18　例 12-7 运行结果

在三种求定积分的方法中,矩形法的误差较大,梯形法次之,辛普生法最好。

12.3　线　性　代　数

线性代数的数值方法即矩阵的应用。在程序中使用二维数组来表示矩阵。

12.3.1　矩阵的加、减、乘法运算

1. 矩阵的加、减法

矩阵的加、减法只是单纯地将矩阵中相同坐标位置的数字相加减。Fortran 95 可以直接对数组作整体计算，通过一个命令就可以完成矩阵的加、减运算，在 6.4 节中已做过介绍。在 FORTRAN 77 中，必须使用循环来完成。例如：

```
do i=1,m
  do j=1,n
    c(i,j)=a(i,j)-b(i,j)
  enddo
enddo
```

2. 矩阵的乘法

矩阵的乘法不能直接用乘号来完成，在 Fortran 95 中需要调用标准函数 matmul 完成整体操作。

```
c=matmul(a,b)
```

在 FORTRAN 77 中，必须自己编写程序来计算矩阵乘法。

【例 12-8】　已知 $m \times n$ 的矩阵 a 和 $n \times p$ 的矩阵 b，计算它们的乘积 $c = a \times b$。

分析：根据矩阵的乘法规则，乘积矩阵 c 必为 $m \times p$ 的矩阵，c 矩阵各元素的计算公式为：

$$c_{ij} = \sum_{k=1}^{n}(a_{ik} \times b_{ik}) \quad (1 \leqslant i \leqslant m, i \leqslant j \leqslant p)$$

为了计算 c，需要采用三重循环。外层循环控制矩阵的行（从 1 到 m），第二层循环控制矩阵的列（从 1 到 p），内层循环控制累加计算，求解 c 的各元素。

程序编写如下：

```
program exam12_8
integer m,n,p
integer,allocatable::a(:,:),b(:,:),c(:,:)
print*,"输入矩阵 a(m,n)和 b(n,p)中 m、n、p的值:"
read*,m,n,p
allocate(a(m,n))
```

```
allocate(b(n,p))
allocate(c(m,p))
print 10,"输入",m,"*",n,"的矩阵 a:"
call input(a,m,n)
print 10,"输入",n,"*",p,"的矩阵 b:"
10 format(a,i2,a,i2,a)
call input(b,n,p)
call mymatmul(a,b,c,m,n,p)
call output(c,m,p)
deallocate(a)
deallocate(b)
deallocate(c)
end

subroutine input(a,m,n)
integer a(m,n)
do i=1,m
  read*,(a(i,j),j=1,n)
enddo
end

subroutine output(a,m,n)
integer a(m,n)
print 10,((a(i,j),j=1,n),i=1,m)
10 format(<n>i6)
end

subroutine mymatmul(a,b,c,m,n,p)
integer m,n,p
integer a(m,n),b(n,p),c(m,p)
do i=1,m
  do j=1,p
    c(i,j)=0
    do k=1,n
    c(i,j)=c(i,j)+a(i,k)*b(k,j)
    enddo
  enddo
enddo
end
```

程序运行结果如图 12.19 所示。

12.3.2 三角矩阵

通过矩阵中的两行数字相减,将矩阵换算成上三角矩阵或下三角矩阵。所谓上三角

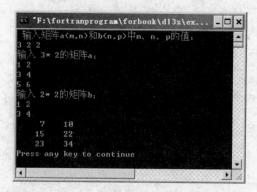

图 12.19　例 12-8 运行结果

矩阵就是矩阵中对角线以下的元素全部为零,下三角矩阵就是矩阵中对角线以上的元素全部为零。

$$\begin{bmatrix} 1 & 2 & 3 & 4 & 5 \\ 0 & 1 & 2 & 3 & 4 \\ 0 & 0 & 1 & 2 & 3 \\ 0 & 0 & 0 & 1 & 2 \\ 0 & 0 & 0 & 0 & 1 \end{bmatrix} \qquad \begin{bmatrix} 1 & 0 & 0 & 0 & 0 \\ 1 & 2 & 0 & 0 & 0 \\ 1 & 2 & 3 & 0 & 0 \\ 1 & 2 & 3 & 0 & 0 \\ 1 & 2 & 3 & 4 & 5 \end{bmatrix}$$

上三角矩阵　　　　　　　下三角矩阵

将矩阵转换成三角矩阵,是将某一行乘以一个系数,然后和另外一行相减。如做上三角矩阵,先将第 1 行第 1 列以下的元素清零,再将第 2 行第 2 列以下的元素清零,……直到倒数第 2 行为止。这一过程称为消元。

【例 12-9】 将矩阵转换为上三角矩阵。

$$\begin{bmatrix} a_{11} & a_{12} & a_{13} \\ a_{21} & a_{22} & a_{23} \\ a_{31} & a_{32} & a_{33} \end{bmatrix}$$

分析:将矩阵转换为上三角矩阵,消元步骤如下:

(1) 第 2 行－第 1 行 $\times \dfrac{a_{21}}{a_{11}}$,第 3 行－第 1 行 $\times \dfrac{a_{31}}{a_{11}}$,得到新的矩阵:

$$\begin{bmatrix} a_{11} & a_{12} & a_{13} \\ 0 & a'_{22} & a'_{23} \\ 0 & a'_{32} & a'_{33} \end{bmatrix}$$

(2) 再从新矩阵中消去元素 a'_{32},第 3 行－第 2 行 $\times \dfrac{a'_{32}}{a'_{22}}$,得到上三角矩阵

$$\begin{bmatrix} a_{11} & a_{12} & a_{13} \\ 0 & a'_{22} & a'_{23} \\ 0 & 0 & a''_{33} \end{bmatrix}$$

程序编写如下：

```
program exam12_9
real,allocatable::a(:,:)
print * ,"输入 n:"
read * ,n
allocate(a(n,n))
print 10,"输入",n,"*",n,"的矩阵 a:"
call input(a,n)
10 format(a,i2,a,i2,a)
call up(a,n)
call output(a,n)
deallocate(a)
end

subroutine input(a,n)
real a(n,n)
do i=1,n
    read * ,(a(i,j),j=1,n)
enddo
end

subroutine output(a,n)
real a(n,n)
print 10,((a(i,j),j=1,n),i=1,n)
10 format(<n>f6.2)
end

subroutine up(a,n)
real a(n,n)
do i=1,n-1
    do j=i+1,n
        p=a(j,i)/a(i,i)
        a(j,i:n)=a(j,i:n)-a(i,i:n)*p
    enddo
enddo
end
```

程序运行结果如图 12.20 所示。

转换成下三角矩阵，做法相似，编写程序如下：

```
subroutine low(a,n)
real a(n,n)
do i=n,2,-1
    do j=i-1,1,-1
```

```
        p=a(j,i)/a(i,i)
        a(j,1:i)=a(j,1:i)-a(i,1:i)*p
      enddo
    enddo
    end
```

程序运行结果如图 12.21 所示。

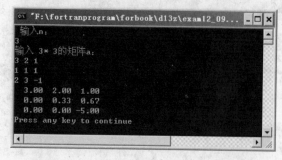

图 12.20 例 12-9 上三角矩阵运行结果   图 12.21 例 12-9 下三角矩阵运行结果

12.3.3 Gauss-Jordan 法求联立方程组

有以下联立方程组：

$$\begin{cases} 3x+2y+z=14 \\ x+y+z=10 \\ 2x+3y-z=1 \end{cases}$$

这组等式可以用矩阵的方式来表示：

$$a=\begin{bmatrix} 3 & 2 & 1 \\ 1 & 1 & 1 \\ 2 & 3 & -1 \end{bmatrix}, \quad c=\begin{bmatrix} x \\ y \\ z \end{bmatrix}, \quad b=\begin{bmatrix} 14 \\ 10 \\ 1 \end{bmatrix}$$

它们的关系为 $a \times c = b$，c 为要求解的未知数。

应用 12.3.2 节中介绍的上、下三角矩阵的求解方法，可以实现高斯消元法求解联立方程组。要注意的是，矩阵中用数组 b 表示等号后面的数值，矩阵的每一行在互相加减时，数组 b 要跟着一起操作。

【例 12-10】 用 Gauss-Jordan 法求联立方程组。

编写程序如下：

```
program exam12_10
real,allocatable::a(:,:),b(:),c(:)
print*,"输入未知数个数 n:"
read*,n
allocate(a(n,n))
allocate(b(n))
allocate(c(n))
```

```
print * ,"输入系数矩阵 a:"
call input(a,n)
print * ,"输入等值矩阵 b:"
read* ,b
print * ,"联立方程组:"
call output(a,b,n)
call Gauss_jordan(a,b,c,n)
print * ,"求解:"
do i=1,n
    print 10,i,c(i)
enddo
10 format('x',i1,'=',f8.4)
deallocate(a)
deallocate(b)
deallocate(c)
end


subroutine input(a,n)
real a(n,n)
do i=1,n
  read* ,(a(i,j),j=1,n)
enddo
end


subroutine Gauss_Jordan(a,b,c,n)
dimension a(n,n),b(n),c(n)
call up(a,b,n)
call low(a,b,n)
forall(i=1:n)
  c(i)=b(i)/a(i,i)
endforall
end


subroutine output(a,b,n)
real a(n,n),b(n)
do i=1,n
    print 10,a(i,1),i
    do j=2,n
     if(a(i,j)>0) then
        print 20,a(i,j),j
     else
        print 30,abs(a(i,j)),j
     endif
    enddo
```

```
      print 40,b(i)
   enddo
10 format(f5.2,'x',i1\)
20 format('+ ',f5.2,'x',i1\)
30 format('- ',f5.2,'x',i1\)
40 format(' = ',f8.4)
   end


   subroutine up(a,b,n)
   real a(n,n),b(n)
   do i=1,n-1
      do j=i+1,n
         p=a(j,i)/a(i,i)
         a(j,i:n)=a(j,i:n)-a(i,i:n)*p
         b(j)=b(j)-b(i)*p
      enddo
   enddo
   end


   subroutine low(a,b,n)
   real a(n,n),b(n)
   do i=n,2,-1
      do j=i-1,1,-1
         p=a(j,i)/a(i,i)
         a(j,1:i)=a(j,1:i)-a(i,1:i)*p
         b(j)=b(j)-b(i)*p
      enddo
   enddo
   end
```

程序运行结果如图12.22所示。

图12.22 例12-10运行结果

程序中用 $x1$、$x2$、$x3$ 来表示未知数 x、y、z,以增强程序的功能,可求解多个未知数的方程组。

习 题 12

1. 用二分法和弦截法求 $x^2-4x+1=0$ 的根。

2. 用迭代法和牛顿迭代法求 $x^2-4x+1=0$ 的根。如果迭代了 50 次还未达到 $|x-x_n|\leqslant10^{-6}$,就认为不收敛。显示相应的信息。运行程序并对以上四种方法进行比对。

3. 用矩形法和梯形法分别求 $\int_0^1(1+\sin x)\mathrm{d}x$ 区间数为 $n=10,100,1000,5000$ 时的值。

4. 用辛普生法求 $\int_0^1(1+\sin x)\mathrm{d}x$,区间数为 $n=10,50,100$ 时的值。

5. 用辛普生法求 $\int_0^1(1+\mathrm{e}^x)\mathrm{d}x$,区间数 $n=2,4,8,16,32,\cdots$,直到前后两次求出的积分值之差的绝对值小于 10^{-4} 为止。

(说明:不是多次运行程序,而是在一次运行程序时,程序先使 $n=2$,求出积分值,而后自动使 $n=4$,求出积分值,依此类推,直到前后两次求出的积分值之差 $\leqslant10^{-4}$ 为止,程序停止运行。)

6. 将矩阵 $\begin{bmatrix} 3 & 2 & 1 \\ 2 & 1 & -1 \\ 1 & -4 & 5 \end{bmatrix}$ 转换为上三角矩阵和下三角矩阵输入。

7. 利用 Gauss-Jordan 法求联立方程组:
$$\begin{cases} x+4y+7c=12 \\ 2x+5y+8z=15 \\ 3x+6y+8z=17 \end{cases}$$

附录 A ASCII 码字符编码

ASCII 值	字符	ASCII 值	字符	ASCII 值	字符	ASCII 值	字符
000		030	▲	060	<	090	Z
001	☺	031	▼	061	=	091	[
002	☻	032	space	062	>	092	\
003	♥	033	!	063	?	093	]
004	♦	034	"	064	@	094	^
005	♣	035	#	065	A	095	—
006	♠	036	$	066	B	096	'
007	÷	037	%	067	C	097	a
008	□	038	&	068	D	098	b
009	○	039	'	069	E	099	c
010	●	040	(	070	F	100	d
011	♀	041	)	071	G	101	e
012	♂	042	*	072	H	102	f
013	♫	043	+	073	I	103	g
014	♬	044	,	074	J	104	h
015	¤	045	—	075	K	105	i
016	▶	046	。	076	L	106	j
017	◀	047	/	077	M	107	k
018	◆	048	0	078	N	108	l
019	!!	049	1	079	O	109	m
020	¶	050	2	080	P	110	n
021	§	051	3	081	Q	111	o
022	▬	052	4	082	R	112	p
023	↕	053	5	083	S	113	q
024	↑	054	6	084	T	114	r
025	↓	055	7	085	U	115	s
026	→	056	8	086	V	116	t
027	←	057	9	087	W	117	u
028	↺	058	:	088	X	118	v
029	◆	059	;	089	Y	119	w

ASCII 值	字符	ASCII 值	字符	ASCII 值	字符	ASCII 值	字符
120	x	154	ü	188	┙	222	▌
121	y	155	þ	189	┘	223	▇
122	z	156	Ę	190	┘	224	α
123	{	157	¥	191	┐	225	β
124	|	158	Pt	192	└	226	Γ
125	}	159	f	193	┴	227	π
126	~	160	á	194	┬	228	Σ
127	⬠	161	í	195	├	229	σ
128	Ç	162	ó	196	─	230	μ
129	ü	163	ú	197	┼	231	τ
130	é	164	ñ	198	╞	232	φ
131	â	165	Ñ	199	╟	233	θ
132	ä	166	a	200	╚	234	Ω
133	à	167	o	201	╔	235	δ
134	ā	168	¿	202	╩	236	∞
135	ç	169	┌	203	╦	237	∮
136	ê	170	┐	204	╠	238	∈
137	ë	171	1/2	205	═	239	∩
138	è	172	1/4	206	╬	240	≡
139	ï	173	i	207	╧	241	±
140	î	174	《	208	╨	242	≥
141	ì	175	》	209	╤	243	≤
142	Ä	176	▤	210	╥	244	⌠
143	À	177	▨	211	╙	245	⌡
144	É	178	▩	212	╘	246	÷
145	æ	179	│	213	╒	247	≈
146	Æ	180	┤	214	╓	248	°
147	ô	181	╡	215	╫	249	·
148	ö	182	╢	216	╪	250	.
149	ò	183	╖	217	┘	251	√
150	û	184	╕	218	┌	252	Ⅱ
151	ù	185	╣	219	▌	253	²
152	ÿ	186	║	220	▄	254	▪
153	ö	187	╗	221	▌	255	

附录 B   FORTRAN 库函数

数值运算函数

函　数	功　　能	变量类型	函数值类型
ABS（x）（IABS, DABS,CABS)	返回参数 x 的绝对值	整型 实型 复型	整型 实型 复型
AIMAG(c)	返回复数 c 的虚部	复型	实型
AINT（r [, kind]）(DINT)	返回舍去小数后的参数值	实型	实型
ANINT（r [, kind]）(DNINT)	返回最接近参数 r 的整数值	实型	实型
CEILING(r)	返回一个等于或大于 r 的最小整数	实型	整型
CMPLX(a,b[,kind])	返回以 a 值为实部,b 值为虚部的复数	实型	复型
CONJG(c)	返回 c 的共轭复数	复型	复型
DBLE(num)	把参数转换成双精度浮点数	整型 实型 双精度实型 复型	双精度实型
DIM(a,b)	a—b＞0 时返回 a—b,否则返回 0	整型 实型	整型 实型
EXPONENT(x)	返回使用 n ∗ 2^e 的模式来表示浮点数 x 时(n 为小于 1 的小数),"指数"部分 e 的数值	实型	实型
FLOOR(r)	返回等于或小于 r 的最大整数　 ‧	实型	整型
FRACTION(x)	返回使用 n ∗ 2^e 的模式来表示浮点数 x 时,"小数"部分 n 的值	实型	实型
INT（i [, kind]）(IFIX,IDINT)	把参数转换成整型数,小数部分会无条件舍去	整型 实型 复型	整型
LOGICAL(a[,kind])	转换不同类型的 LOGICAL 变量,把 a 变量转换成赋值 kind 类型的 LOGICAL 变量	逻辑值	逻辑值
MAX(a,b,…)	返回最大的参数值	整型 实型	整型 实型
MIN(a,b,…)	返回最小的参数值	整型 实型	整型 实型
MOD(a,b)	计算 a/b 的余数。当参数为浮点数时,返回(a—int(a/b) ∗ b)的值	整型 实型	整型 实型
MODULO(a,b)	同意计算 a/b 的余数。使用和 MOD 不同的公式来计算。参数为整数时, 返回 a-FLOOR(REAL(a)/REAL(b)) ∗ b,参数为浮点数时返回 a-FLOOR(a/b) ∗ b	整型 实型	整型 实型
NEAREST(a,b)	b＞0.0 时,返回大于 a 的最小浮点数值。b＜0.0 时,返回小于 a 的最大浮点数值。因为浮点数的保存会有误差,这个函数可用来查看真正的保存数值	实型	实型

函　数	功　　能	变量类型	函数值类型
NINT（a [，kind]）(DNINT)	返回最接近参数 a 的整数值	实型	整型
REAL(i)	把整型数转换成浮点数	整型	实型
RRSPACING(x)	返回 SPACING(x)的倒数	实型	实型
SCALE(x,i)	返回 x∗(2∗.∗i)	x 实型，i 整型	实型
SET _ EXPONENT (x,n)	返回 FRACTION(x)∗(2∗∗n)	x 实型，n 整型	实型
SIGN(a,b) (ISIGN, DSIGN)	b>＝0 时，返回 ABS(a)；b＜0 时，返回 -ABS(a)	整型 实型	整型 实型
SPACING(x)	返回 x 值所能接受的最小变化值。因为浮点数的有效位数是有限的，它没有办法真正保存连续的数值。这个函数会返回用浮点数保存 x 值时所能接受的最小数值间隔	实型	
TRANSFER(source, mold[,size])	把 source 参数中的内存数据直接转换成参数 mold 所使用的类型，size 可以用来赋值要转换多少笔数据	source 任意类型，mold 任意类型，size 整型	

数学函数

函　数	功　　能	变量类型	函数值类型
ACOS(r)(DACOS)	计算 ARCCOSINE(r)	实型	实型
ASIN(r)(DASIN)	计算 ARCSINE(r)	实型	实型
ATAN(r) (DATAN)	计算 ARCTANGENT(r)	实型	实型
ATAN2(a,b) (DATAN2)	计算 ARCTANGENT (a/b)	实型	实型
COS(x)(CCOS,DCOS)	计算 COSINE(x)	实型 复型	实型 复型
COSH(r) (DCOSH)	计算 HYPERBOLIC COSINE(x)	实型	实型
EXP(n)(CEXP,DEXP)	计算自然对数 e^n 的值	实型 复型	实型 复型
LOG(x)(ALOG,DLOG,CLOG)	计算以自然对数 e 为底的对数值	实型 复型	实型 复型
LOG10(x) (ALOG10,DLOG10, CLOG10)	计算以 10 为底的对数值	实型	实型
SIN(x)(CSIN,DSIN)	计算 SINE(x)	实型 复型	实型 复型
SINH(r) (DSINH)	计算 HYPERBOLIC SINE(x)	实型	实型
SQRT(x)(CSQRT,DSQRT)	计算 x 的开平方值	实型 复型	实型 复型
TAN(r)(DTAN)	计算 TANGENT(r)	实型	实型
TANH(r) (DTANH)	计算 HYPERBOLIC TANGENT(r)	实型	实型

字符函数

函 数	功 能	变量类型	函数值类型
ACHAR(i)	返回 ASCII 字符表上编号为 i 的字符	整型	字符型
ADJUSTL(s)	返回向左对齐的字符串 s	字符型	字符型
ADJUSTR(s)	返回向右对齐的字符串 s	字符型	字符型
CHAR(i[,kind])	返回计算机所使用的字集表上编号为 i 的字符。PC 上使用的字集表为 ASCII 表，所以在 PC 上 CHAR 函数与 ACHAR 函数效果相同	整型	字符型
IACHAR(c)	返回字符 c 所代表的 ASCII 码	字符型	整型
ICHAR(c)	返回字符 c 在计算机所使用的字集表中的编号。在 PC 上 ICHAR 与 IACHAR 效果相同	字符型	整型
INDEX(a,b[,back])	返回子字符串 b 在母字符串 a 中第一次出现的位置。如果第 3 个参数 back 有给定真值时，代表从后面开始搜索，返回子字符串 b 在母字符串 a 中最后一次出现的位置	a，b 字符型，back 逻辑型	整型
LEN(s)	返回字符串 s 的长度	字符型	整型
LEN_TRIM(s)	返回字符串 s 中除去字尾空格符后的长度	字符型	整型
LGE(a,b)	判断两个字符串 a>=b 是否成立	字符型	逻辑型
LGT(a,b)	判断两个字符串 a>b 是否成立	字符型	逻辑型
LLE(a,b)	判断两个字符串 a<=b 是否成立	字符型	逻辑型
LLT(a,b)	判断两个字符串 a<b 是否成立	字符型	逻辑型
REPEAT(s,i)	返回一个重复 i 次 s 的字符串	s 字符型，i 整型	字符型
SCAN(a,b[,back])	返回把字符串 b 所包含的任意字符在字符串 a 中第一次出现的位置。如果 c 有给定真值时，则返回最后出现的位置	a，b 字符型，back 逻辑型	整型
TRIM(s)	返回把字符串 s 尾部的空格符除去后的字符串	字符型	字符型
VERIFY（string, set[,back]）	检查在字符串 string 中有没有使用字符串 set 中的任何字符，返回字符串 string 中第一个出现不属于字符串 set 字符的位置。如果 back 有给定真值时，则返回最后一次出现的位置	string，set 字符型，back 逻辑型	整型

数组函数

(本函数中所使用到的名词)

Array	指任何维数的数组	Dim	指数组的维数，是一个整数
Vector	指一维数组	Mask	指数组的逻辑运算
Matrix	指二维数组	[]	括号中表示可忽略的参数

函　　数	功　　能	变量类型	函数值类型
ALL(mask[,dim])	对数组做逻辑判断,如果每个元素都合乎条件就返回真值,否则返回假值		逻辑值
ALLOCATED(array)	检查一个可变大小的数组是否已经声明大小		逻辑值
ANY(mask[,dim])	对数组做逻辑判断,只要有一个元素合乎条件就返回真值。用法与 ALL 很类似,只差在判断时所使用的条件由"全部"改成"任何"		逻辑值
COUNT(mask[,dim])	对数组做逻辑判断,返回合乎条件的元素数目		整型
CSHIFT(array,shift[,dim])	数组的元素值会以某一维为基准来循环交换内容。shift 表示平移的量值,dim 表示针对这一维来作交换	shift 整型	数组
DOT_PRODUCT(vector_a,vector_b)	把两个一维数组当成向量来作内积	任何基本数值类型的数组	任何基本数值类型
DPROD(vector_a,vector_b)	同样作两个向量的内积,返回值为双精度浮点数	实型数组	双精度浮点数
EOSHIFT (array, shift[,boundary][,dim])	把数组以某个维数为基础,移动数组中的元素。boundary 有值时,移动后剩下的位置会设置成 boundary 的值		数组
LBOUND(array [,dim])	返回数组声明时的下限值		整型
MATMUL (matrix _ a,matrix_b)	对两个二维数组所存放的矩阵内容作矩阵相乘运算,返回值是二维数组		二维数组
MAXLOC(array[,dim][,mask])	找出数组最大值的所在位置,返回值可能是整数或是整数数组。当数组 array 为一维时,返回一个整数,当数组为 n 维数组时,返回大小为 n 的一维数组		整型
MAXVAL (array [, dim][,mask])	返回数组中的最大元素值		数组类型
MERGE(true_array,false_array[,mask])	true_array,false_array 大小要完全相同,merge 会根据 mask 运算的结果来决定要取 true_array 或 false_array 的值到返回的矩阵当中,mask 运算中某一位置为"真"时,会填入 true_array 的值,为"否"时,会填入 false_array 的值		数组
MINLOC (array [,dim][,mask])	返回数组中最小元素的位置		整型
MINVAL （array[,mask])	返回数组中最小元素的值		整型
PACK(array,mask[,vector])	会根据数组在内存中的排列顺序,照 mask 运算的逻辑值,把判断成立的数值从 array 中取出,放到返回值的一维数组中。当 vector 没有输入时,返回值的数组大小为 array 中条件成立的数值数目。vector 有输入时,返回值的数组大小与 vector 相同	array 任何类型的数组	一维数组,类型与输入的数组相同

函　数	功　能	变量类型	函数值类型
PRODUCT(array[,dim][,mask])	返回数组中所有元素的相乘值		整型 数组
RESHAPE (data, shape)	用来转换不同类型的数组数据,参数 data 表示数组在内存中的排列顺序,其结果视为一长串数字。参数 shape 可以把这组数字数据视为它所设置的数组类型		数组
SHAPE(array)	返回数组的维数及大小,假设 array 为 n 维数组,返回值为大小为 n 的一维数组		数组
SIZE(array[,dim])	返回数组大小		整型
SPREAD (source, dim,ncopies)	把一个数组复制到比自己高一维的数组中,复制次数由 ncopies 来决定。而复制的"基础位置"则由 dim 来决定要在哪一维。若参数 source 为一个数值,返回值是大小为 ncopies 的一维数组。若参数 source 是大小为 (d1,d2,…,dn)的数组,则结果是大小为 (d1,d2,…,ddim－1,ncopies,ddim;…,dn)的数组	source 任意类型数组,dim,ncopies整型	数组
SUM(array[,dim][,mask])	计算数组元素的总和		数组类型
TRANSPOSE(matrix)	返回一个转置矩阵		二维数组
UBOUND(array[,dim])	返回数组声明时的下限值		整型或数组
UNPACK (vector, mask,field)	根据逻辑运算的结果,返回一个变型的多维数组。结果会根据在内存中的顺序,如果逻辑为真,会填入 vector 的值,否则就填入 field 的值。UNPACK 函数刚好与 PACK 相反,它是用来把一维数组转换成多维数组的	field 任意类型数值	数组

查询状态函数

函　数	功　能	变量类型	函数值类型
ASSOCIATED(pointer [,target])	检查指针是否已经设置目标。target 有输入时,则检查 pointer 是否指向 target 变量		逻辑型
BIT_SIZE(i)	返回参数 i 占了多少 bits 的内存空间	整型	逻辑型
DIGITS(r)	返回浮点数 r 使用多少 bits 来记录"数字"的部分	实型	整型
EPSILON(r)	参数 r 的数值不影响结果,只有参数 r 的类型会影响结果。它会返回 spacing(1.0_4)或 spacing(1.0_8)的值,输入单精度浮点数时,返回 spacing(1.0_4),也就是当变量为 1.0 时,所能计算的最小数字间隔大小	实型	实型

函　数	功　能	变量类型	函数值类型
HUGE(x)	返回参数 x 的类型所能记录的最大数值	整型 实型	整型 实型
KIND(x)	返回参数声明时使用的 kind 值	整型 实型	整型
MAXEXPONENT(x)	返回浮点数 r 所能接受、记录数值中最大 2^i 的 i 值	实型	整型
MINEXPONENT(x)	返回浮点数 r 所能接受、记录数值中最小 2^i 的 i 值	实型	整型
PRECISION(x)	返回参数类型的有效位数范围	实型 复型	整型
PRESENT(x)	在函数中检查某个参数是否有传递进来	任意类型	逻辑型
RADIX(x)	返回保存参数 x 所使用的数字系统。通常的返回值是 2,代表二进制系统	整型 实型	整型
RANGE(x)	返回参数类型所能保存的最大值域范围,返回的 n 值代表 10^n	整型 实型 复型	整型
SELECTED _ INT _ KIND(i)	返回想声明参数所赋值的值域范围的变量时,所应使用的 kind 值	整型	整型
SELECTED_REAL_ KIND(p. r)	返回想要声明能够保存 p 位有效位数、指数为 r 时的浮点数所使用的 kind 值	整型	整型
TINY(r)	返回参数类型所能保存的最小的正数值	实型	实型

二进制运算函数

函　数	功　能	变量类型	函数值类型
BIT_SIZE(i)	返回参数 i 所占用的内存位数	整型	整型
BTEST(i,pos)	检查整数 i 以二进制保存时的第 pos 个位置的 bit 是否为 1	整型	逻辑型
IAND(a,b)	对 a、b 作二进制的逻辑 ANS 运算	整型	整型
IBCLR(i,pos)	返回把整数 i 值以二进位保存时的第 pos 个 bit 值设为 0 后的新值	整型	整型
IBITS(i,pos,n)	在以二进位保存的整数之中提取第 pos～pos＋n 位处值	整型	整型
IBSET(i,pos)	返回把整数 i 值以二进位保存时的第 pos 个 bit 值设为 1 后的新值	整型	整型
IEOR(a,b)	返回对 a、b 作二进位 exclsive OR 运算后的值	整型	整型
IOR(a,b)	返回对 a、b 作二进位 OR 运算后的值	整型	整型
ISHFT(a,b)	返回把整数 a 以二进位方法右移 b 位后的数值	整型	整型
ISHFTC(a,b[,size])	返回把整数 a 以二进位方法右移 b 位后的数值,右移出去的高位数会循环放回低位中	整型	整型

函　数	功　　能	变量类型	函数值类型
MVBITS （ from, frompos, len, to, topos）	这是子程序,不是函数。to 是返回的参数。取出整数 from 中的 frompos～frompos＋len 的位值,重新设置整数 to 中的 topos～topos＋len 处的位置	整型	
NOT(i)	返回把整数 i 的二进制值作 0、1 反相后的结果	整型	整型

其他函数

函　数	功　　能	变量类型	函数值类型
DATA ＿ AND ＿ TIME (data,time,zone,values)	这是子程序,不是函数。会把现在的时间返回到参数中	data, time, zone 字符型, values 整型数组	
RANDOM_NUMBER(r)	这是子程序,不是函数。生成一个 0～1 之间的随机数值,在参数 r 中返回	实型	
RANDOM＿SEED([size, put,get])	这是子程序,不是函数。用 get 数组来返回目前用来启动随机数的"种子"数值。或用 put 数组来设置新的随机数启动"种子"数值	整型	
SYSTEM_CLOCK(c,cr, cm)	这是库存子程序,不是库存函数。c 会返回程序执行到目前为止的处理器 clock 数,cr 会返回处理器每秒的 clock 数,cm 会返回 c 所能保存的最大值	整型	

参 考 文 献

[1] 谭浩强，田淑清. FORTRAN 语言—FORTRAN 77 结构化程序设计. 北京：清华大学出版社，1990.

[2] 彭国伦著. 健莲科技改编. Fortran 95 程序设计. 北京：中国电力出版社，2002.

[3] 刘卫国，蔡旭辉. Fortran 90 程序设计教程. 第 2 版. 北京：北京邮电大学出版社，2007.

[4] 白云. Fortran 90 程序设计. 上海：华东科技大学出版社，2003.

[5] 汪同庆. Fortran 90 程序设计. 武汉：武汉大学出版社，2004.

[6] 田秀萍，张晓霞. Fortran 90 程序设计教程. 北京：兵器工业出版社，2005.

[7] 张伟林. Fortran 90 语言程序设计教程. 合肥：安徽大学出版社，2002.

[8] 吴文虎. 程序设计基础. 北京：清华大学出版社，2003.

高等学校计算机基础教育教材精选

书　名	书　号
Access 数据库基础教程　赵乃真	ISBN 978-7-302-12950-9
AutoCAD 2002 实用教程　唐嘉平	ISBN 978-7-302-05562-4
AutoCAD 2006 实用教程(第 2 版)　唐嘉平	ISBN 978-7-302-13603-3
AutoCAD 2007 中文版机械制图实例教程　蒋晓	ISBN 978-7-302-14965-1
AutoCAD 计算机绘图教程　李苏红	ISBN 978-7-302-10247-2
C++ 及 Windows 可视化程序设计　刘振安	ISBN 978-7-302-06786-3
C++ 及 Windows 可视化程序设计题解与实验指导　刘振安	ISBN 978-7-302-09409-8
C++ 语言基础教程(第 2 版)　吕凤翥	ISBN 978-7-302-13015-4
C++ 语言基础教程题解与上机指导(第 2 版)　吕凤翥	ISBN 978-7-302-15200-2
C++ 语言简明教程　吕凤翥	ISBN 978-7-302-15553-9
CATIA 实用教程　李学志	ISBN 978-7-302-07891-3
C 程序设计教程(第 2 版)　崔武子	ISBN 978-7-302-14955-2
C 程序设计辅导与实训　崔武子	ISBN 978-7-302-07674-2
C 程序设计试题精选　崔武子	ISBN 978-7-302-10760-6
C 语言程序设计　牛志成	ISBN 978-7-302-16562-0
PowerBuilder 数据库应用系统开发教程　崔巍	ISBN 978-7-302-10501-5
Pro/ENGINEER 基础建模与运动仿真教程　孙进平	ISBN 978-7-302-16145-5
SAS 编程技术教程　朱世武	ISBN 978-7-302-15949-0
SQL Server 2000 实用教程　范立南	ISBN 978-7-302-07937-8
Visual Basic 6.0 程序设计实用教程(第 2 版)　罗朝盛	ISBN 978-7-302-16153-0
Visual Basic 程序设计实验指导与习题　罗朝盛	ISBN 978-7-302-07796-1
Visual Basic 程序设计教程　刘天惠	ISBN 978-7-302-12435-1
Visual Basic 程序设计应用教程　王瑾德	ISBN 978-7-302-15602-4
Visual Basic 试题解析与实验指导　王瑾德	ISBN 978-7-302-15520-1
Visual Basic 数据库应用开发教程　徐安东	ISBN 978-7-302-13479-4
Visual C++ 6.0 实用教程(第 2 版)　杨永国	ISBN 978-7-302-15487-7
Visual FoxPro 程序设计　罗淑英	ISBN 978-7-302-13548-7
Visual FoxPro 数据库及面向对象程序设计基础　宋长龙	ISBN 978-7-302-15763-2
Visual LISP 程序设计(AutoCAD 2006)　李学志	ISBN 978-7-302-11924-1
Web 数据库技术　铁军	ISBN 978-7-302-08260-6
程序设计教程(Delphi)　姚普选	ISBN 978-7-302-08028-2
程序设计教程(Visual C++)　姚普选	ISBN 978-7-302-11134-4
大学计算机(应用基础·Windows 2000 环境)卢湘鸿	ISBN 978-7-302-10187-1
大学计算机基础　高敬阳	ISBN 978-7-302-11566-3
大学计算机基础实验指导　高敬阳	ISBN 978-7-302-11545-8
大学计算机基础　秦光洁	ISBN 978-7-302-15730-4
大学计算机基础实验指导与习题集　秦光洁	ISBN 978-7-302-16072-4
大学计算机基础　牛志成	ISBN 978-7-302-15485-3
大学计算机基础　訾秀玲	ISBN 978-7-302-13134-2
大学计算机基础习题与实验指导　訾秀玲	ISBN 978-7-302-14957-6

大学计算机基础教程(第 2 版)　张莉　　　　　　　　　ISBN 978-7-302-15953-7
大学计算机基础实验教程(第 2 版)　张莉　　　　　　　ISBN 978-7-302-16133-2
大学计算机基础实践教程(第 2 版)　王行恒　　　　　　ISBN 978-7-302-18320-4
大学计算机技术应用　陈志云　　　　　　　　　　　　ISBN 978-7-302-15641-3
大学计算机软件应用　王行恒　　　　　　　　　　　　ISBN 978-7-302-14802-9
大学计算机应用基础　高光来　　　　　　　　　　　　ISBN 978-7-302-13774-0
大学计算机应用基础上机指导与习题集　郝莉　　　　　ISBN 978-7-302-15495-2
大学计算机应用基础　王志强　　　　　　　　　　　　ISBN 978-7-302-11790-2
大学计算机应用基础题解与实验指导　王志强　　　　　ISBN 978-7-302-11833-6
大学计算机应用基础教程　詹国华　　　　　　　　　　ISBN 978-7-302-11483-3
大学计算机应用基础实验教程(修订版)　詹国华　　　　ISBN 978-7-302-16070-0
大学计算机应用教程　韩文峰　　　　　　　　　　　　ISBN 978-7-302-11805-3
大学信息技术(Linux 操作系统及其应用)　衷克定　　　ISBN 978-7-302-10558-9
电子商务网站建设教程(第 2 版)　赵祖荫　　　　　　　ISBN 978-7-302-16370-1
电子商务网站建设实验指导(第 2 版)　赵祖荫　　　　　ISBN 978-7-302-16530-9
多媒体技术及应用　王志强　　　　　　　　　　　　　ISBN 978-7-302-08183-8
多媒体技术及应用　付先平　　　　　　　　　　　　　ISBN 978-7-302-14831-9
多媒体应用与开发基础　史济民　　　　　　　　　　　ISBN 978-7-302-07018-4
基于 Linux 环境的计算机基础教程　吴华洋　　　　　　ISBN 978-7-302-13547-0
基于开放平台的网页设计与编程(第 2 版)　程向前　　　ISBN 978-7-302-18377-8
计算机辅助工程制图　孙力红　　　　　　　　　　　　ISBN 978-7-302-11236-5
计算机辅助设计与绘图(AutoCAD 2007 中文版)(第 2 版)　李学志　ISBN 978-7-302-15951-3
计算机软件技术及应用基础　冯萍　　　　　　　　　　ISBN 978-7-302-07905-7
计算机图形图像处理技术与应用　何薇　　　　　　　　ISBN 978-7-302-15676-5
计算机网络公共基础　史济民　　　　　　　　　　　　ISBN 978-7-302-05358-3
计算机网络基础(第 2 版)　杨云江　　　　　　　　　　ISBN 978-7-302-16107-3
计算机网络技术与设备　满文庆　　　　　　　　　　　ISBN 978-7-302-08351-1
计算机文化基础教程(第 3 版)　冯博琴　　　　　　　　ISBN 978-7-302-19534-4
计算机文化基础教程实验指导与习题解答　冯博琴　　　ISBN 978-7-302-09637-5
计算机信息技术基础教程　杨平　　　　　　　　　　　ISBN 978-7-302-07108-2
计算机应用基础　林冬梅　　　　　　　　　　　　　　ISBN 978-7-302-12282-1
计算机应用基础实验指导与题集　冉清　　　　　　　　ISBN 978-7-302-12930-1
计算机应用基础题解与模拟试卷　徐士良　　　　　　　ISBN 978-7-302-14191-4
计算机应用基础教程　姜继忱　　　　　　　　　　　　ISBN 978-7-302-18421-8
计算机硬件技术基础　李继灿　　　　　　　　　　　　ISBN 978-7-302-14491-5
软件技术与程序设计(Visual FoxPro 版)　刘玉萍　　　　ISBN 978-7-302-13317-9
数据库应用程序设计基础教程(Visual FoxPro)　周山芙　ISBN 978-7-302-09052-6
数据库应用程序设计基础教程(Visual FoxPro)题解与实验指导　黄京莲　ISBN 978-7-302-11710-0
数据库原理及应用(Access)(第 2 版)　姚普选　　　　　ISBN 978-7-302-13131-1
数据库原理及应用(Access)题解与实验指导(第 2 版)　姚普选　ISBN 978-7-302-18987-9
数值方法与计算机实现　徐士良　　　　　　　　　　　ISBN 978-7-302-11604-2
网络基础及 Internet 实用技术　姚永翘　　　　　　　　ISBN 978-7-302-06488-6
网络基础与 Internet 应用　姚永翘　　　　　　　　　　ISBN 978-7-302-13601-9
网络数据库技术与应用　何薇　　　　　　　　　　　　ISBN 978-7-302-11759-9

网页设计创意与编程　魏善沛　　　　　　　　　ISBN 978-7-302-12415-3

网页设计创意与编程实验指导　魏善沛　　　　　ISBN 978-7-302-14711-4

网页设计与制作技术教程(第 2 版)　王传华　　　ISBN 978-7-302-15254-8

网页设计与制作教程(第 2 版)　杨选辉　　　　　ISBN 978-7-302-17820-0

网页设计与制作实验指导(第 2 版)　杨选辉　　　ISBN 978-7-302-17729-6

微型计算机原理与接口技术(第 2 版)　冯博琴　　ISBN 978-7-302-15213-2

微型计算机原理与接口技术题解及实验指导(第 2 版)　吴宁　　ISBN 978-7-302-16016-8

现代微型计算机原理与接口技术教程　杨文显　　ISBN 978-7-302-12761-1

新编 16/32 位微型计算机原理及应用教学指导与习题详解　李继灿　　ISBN 978-7-302-13396-4